Intelligente Technische Systeme – Lösungen aus dem Spitzencluster it's OWL

Reihe herausgegeben von
it's OWL Clustermanagement GmbH, Paderborn, Nordrhein-Westfalen, Deutschland

Im Technologie-Netzwerk Intelligente Technische Systeme OstWestfalenLippe (kurz: it's OWL) haben sich rund 200 Unternehmen, Hochschulen, Forschungseinrichtungen und Organisationen zusammengeschlossen, um gemeinsam den Innovationssprung von der Mechatronik zu intelligenten technischen Systemen zu gestalten. Gemeinsam entwickeln sie Ansätze und Technologien für intelligente Produkte und Produktionsverfahren, Smart Services und die Arbeitswelt der Zukunft. Das Spektrum reicht dabei von Automatisierungs- und Antriebslösungen über Maschinen, Fahrzeuge, Automaten und Hausgeräte bis zu vernetzten Produktionsanlagen und Plattformen. Dadurch entsteht eine einzigartige Technologieplattform, mit der Unternehmen die Zuverlässigkeit, Ressourceneffizienz und Benutzungsfreundlichkeit ihrer Produkte und Produktionssysteme steigern und Potenziale der digitalen Transformation erschließen können.

In the technology network Intelligent Technical Systems OstWestfalenLippe (short: it's OWL) around 200 companies, universities, research institutions and organisations have joined forces to jointly shape the innovative leap from mechatronics to intelligent technical systems. Together they develop approaches and technologies for intelligent products and production processes, smart services and the working world of the future. The spectrum ranges from automation and drive solutions to machines, vehicles, automats and household appliances to networked production plants and platforms. This creates a unique technology platform that enables companies to increase the reliability, resource efficiency and user-friendliness of their products and production systems and tap the potential of digital transformation.

Weitere Bände in der Reihe http://www.springer.com/series/15146

Roman Dumitrescu · Markus Fleuter
(Hrsg.)

Intelligenter Separator

Optimale Veredelung von Lebensmitteln

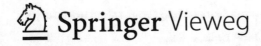

Hrsg.
Roman Dumitrescu
Produktentsehung, Fraunhofer IEM
Paderborn, Deutschland

Markus Fleuter
Offer & Order Engineering Pool
GEA Westfalia Group GmbH
Oelde, Deutschland

ISSN 2523-3637   ISSN 2523-3645   (electronic)
Intelligente Technische Systeme – Lösungen aus dem Spitzencluster it's OWL
ISBN 978-3-662-58017-2   ISBN 978-3-662-58018-9   (eBook)
https://doi.org/10.1007/978-3-662-58018-9

Die Deutsche Nationalbibliothek verzeichnet diese Publikation in der Deutschen Nationalbibliografie; detaillierte bibliografische Daten sind im Internet über http://dnb.d-nb.de abrufbar.

Springer Vieweg
© Springer-Verlag GmbH Deutschland, ein Teil von Springer Nature 2019

Springer Vieweg ist ein Imprint der eingetragenen Gesellschaft Springer-Verlag GmbH, DE und ist ein Teil von Springer Nature.
Die Anschrift der Gesellschaft ist: Heidelberger Platz 3, 14197 Berlin, Germany

Geleitwort des Projektträgers

Unter dem Motto „Deutschlands Spitzencluster – Mehr Innovation. Mehr Wachstum. Mehr Beschäftigung" startete das Bundesministerium für Bildung und Forschung (BMBF) 2007 den Spitzencluster-Wettbewerb. Ziel des Wettbewerbs war, die leistungsfähigsten Cluster auf dem Weg in die internationale Spitzengruppe zu unterstützen. Durch die Förderung der strategischen Weiterentwicklung exzellenter Cluster soll die Umsetzung regionaler Innovationspotenziale in dauerhafte Wertschöpfung gestärkt werden.

In den Spitzenclustern arbeiten Wissenschaft und Wirtschaft eng zusammen, um Forschungsergebnisse möglichst schnell in die Praxis umzusetzen. Die Cluster leisten damit einen wichtigen Beitrag zur Forschungs- und Innovationsstrategie der Bundesregierung. Dadurch sollen Wachstum und Arbeitsplätze gesichert bzw. geschaffen und der Innovationsstandort Deutschland attraktiver gemacht werden.

Bis 2012 wurden in drei Runden 15 Spitzencluster ausgewählt, die jeweils über fünf Jahre mit bis zu 40 Mio. EUR gefördert werden. Der Cluster Intelligente Technische Systeme OstWestfalenLippe – kurz it's OWL wurde in der dritten Wettbewerbsrunde im Januar 2012 als Spitzencluster ausgezeichnet. Seitdem hat sich der Spitzencluster it's OWL zum Ziel gesetzt, die intelligenten technischen Systeme der Zukunft zu entwickeln. Gemeint sind hier Produkte und Prozesse, die sich der Umgebung und den Wünschen der Benutzer anpassen, Ressourcen sparen sowie intuitiv zu bedienen und verlässlich sind. Für die Unternehmen des Maschinenbaus, der Elektro- und Energietechnik sowie für die Elektronik- und Automobilzulieferindustrie können die intelligenten technischen Systeme den Schlüssel zu den Märkten von morgen darstellen.

Auf einer starken Basis im Bereich mechatronischer Systeme beabsichtigt it's OWL, im Zusammenspiel von Informatik und Ingenieurwissenschaften den Sprung zu Intelligenten Technischen Systemen zu realisieren. It's OWL sieht sich folglich als Wegbereiter für die Evolution der Zusammenarbeit beider Disziplinen hin zur sogenannten vierten industriellen Revolution oder Industrie 4.0. Durch die Teilnahme an it's OWL stärken die Unternehmen ihre Wettbewerbsfähigkeit und bauen ihre Spitzenposition auf den internationalen Märkten aus. Der Cluster leistet ebenfalls wichtige Beiträge zur Erhöhung der Attraktivität der Region Ostwestfalen-Lippe für Fach- und Führungskräfte sowie zur nachhaltigen Sicherung von Wertschöpfung und Beschäftigung.

Mehr als 180 Clusterpartner – Unternehmen, Hochschulen, Kompetenzzentren, Brancheninitiativen und wirtschaftsnahe Organisationen – arbeiten in 47 Projekten mit einem Gesamtvolumen von ca. 90 Mio. EUR zusammen, um intelligente Produkte und Produktionssysteme zu erarbeiten. Das Spektrum reicht von Automatisierungs- und Antriebslösungen über Maschinen, Automaten, Fahrzeuge und Haushaltsgeräte bis zu vernetzten Produktionsanlagen und Smart Grids. Die gesamte Clusterstrategie wird durch Projekte operationalisiert. Drei Projekttypen wurden definiert: Querschnitts- und Innovationsprojekte sowie Nachhaltigkeitsmaßnahmen. Grundlagenorientierte Querschnittsprojekte schaffen eine Technologieplattform für die Entwicklung von intelligenten technischen Systemen und stellen diese für den Einsatz in Innovationsprojekten, für den Know-how-Transfer im Spitzencluster und darüber hinaus zur Verfügung. Innovationsprojekte bringen Unternehmen in Kooperation mit Forschungseinrichtungen zusammen zur Entwicklung neuer Produkte und Technologien, sei als Teilsysteme, Systeme oder vernetzte Systeme, in den drei globalen Zielmärkten Maschinenbau, Fahrzeugtechnik und Energietechnik. Nachhaltigkeitsmaßnahmen erzeugen Entwicklungsdynamik über den Förderzeitraum hinaus und sichern Wettbewerbsfähigkeit.

Interdisziplinäre Projekte mit ausgeprägtem Demonstrationscharakter haben sich als wertvolles Element in der Clusterstrategie erwiesen, um Innovationen im Bereich der intelligenten technischen Systeme produktionsnah und nachhaltig voranzutreiben. Die ersten Früchte der engagierten Zusammenarbeit werden im vorliegenden Bericht der breiten Öffentlichkeit als Beitrag zur Erhöhung der Breitenwirksamkeit vorgestellt. Den Partnern wünschen wir viel Erfolg bei der Konsolidierung der zahlreichen Verwertungsmöglichkeiten für die im Projekt erzielten Ergebnisse sowie eine weiterhin erfolgreiche Zusammenarbeit in it's OWL.

29. Mai 2018

Dr.-Ing. Alexander Lucumi
Projektträger Karlsruhe (PTKA)
Karlsruher Institut für Technologie (KIT)

Geleitwort des Clustermanagements

.

Wir gestalten gemeinsam die digitale Revolution – Mit it's OWL!

Die Digitalisierung wird Produkte, Produktionsverfahren, Arbeitsbedingungen und Geschäftsmodelle verändern. Virtuelle und reale Welt wachsen immer weiter zusammen. Industrie 4.0 ist der entscheidende Faktor, um die Wettbewerbsfähigkeit von produzierenden Unternehmen zu sichern. Das ist gerade für OstWestfalenLippe als einem der stärksten Produktionsstandorte in Europa entscheidend für Wertschöpfung und Beschäftigung.

Die Entwicklung zu Industrie 4.0 ist mit vielen Herausforderungen verbunden, die Unternehmen nicht alleine bewältigen können. Gerade kleine und mittlere Unternehmen brauchen Unterstützung, da sie nur über geringe Ressourcen für Forschung- und Entwicklung verfügen. Daher gehen wir in OstWestfalenLippe den Weg zu Industrie 4.0 gemeinsam: mit dem Spitzencluster it's OWL. Unternehmen und Forschungseinrichtungen entwickeln Technologien und konkrete Lösungen für intelligente Produkte und Produktionsverfahren.

Davon profitieren insbesondere auch kleine und mittlere Unternehmen. Mit einem innovativen Transferkonzept bringen wir neue Technologien in den Mittelstand, beispielsweise in den Bereichen Selbstoptimierung, Mensch-Maschine-Interaktion, intelligente Vernetzung, Energieeffizienz und Systems Engineering. In 170 Transferprojekten können KMU diese neuen Technologien nutzen, um die Zuverlässigkeit, Ressourceneffizienz und Benutzerfreundlichkeit ihrer Maschinen, Anlagen und Geräte zu sichern.

Die Rückmeldungen aus den Unternehmen sind sehr positiv. Sie können einen ersten Schritt zu Industrie 4.0 gehen und erhalten Zugang zu aktuellen, praxiserprobten Ergebnissen aus der Forschung, die sie direkt in den Betrieb einbinden können. Unser-Transfer-Konzept wurde aus 3000 Bewerbungen mit dem Industriepreis des Huber Verlags für neue Medien in der Kategorie Forschung und Entwicklung ausgezeichnet.

Die konsequente Weiterführung des Gedankens von Industrie 4.0 bringt den klassischen Maschinen- und Anlagenbau näher an innovative IT-Technologien wie künstliche Intelligenz und maschinelles Lernen. Die Basistechnologien hierfür sind inzwischen erprobt – die Anwendung und Umsetzung in intelligenten Maschinen ist für die meisten Maschinenbauunternehmen jedoch Neuland.

Für eine erfolgreiche Umsetzung müssen nicht nur die offensichtlichen Hürden in der Umsetzung von Technologie-Prototypen überwunden werden. Vielmehr muss eine ganzheitliche Einbindung in den Entwicklungsprozess betrachtet werden, um den Weg zur Umsetzung künftiger innovativer Produkte und Produktfeatures zu bahnen. Eine interdisziplinäre Entwicklungsmethodik aufbauend auf dem Systems Engineerings ist hierfür unumgänglich.

Im Forschungsprojekt rund um den intelligenten Separator wurden wichtige Erfahrungen gesammelt und dokumentiert, die weiteren Unternehmen die Möglichkeiten moderner Datenverarbeitung zeigen soll. Dieser Wissenstransfer ermöglicht nicht nur ein besseres Verständnis der umfangreichen Potenziale von Industrie 4.0, sondern soll auch die Entwicklung eigener innovativer Ideen anregen.

it's OWL – Das ist OWL: Innovative Unternehmen mit konkreten Lösungen für Industrie 4.0. Anwendungsorientierte Forschungseinrichtungen mit neuen Technologien für den Mittelstand. Hervorragende Grundlagenforschung zu Zukunftsfragen. Ein starkes Netzwerk für interdisziplinäre Entwicklungen. Attraktive Ausbildungsangebote und Arbeitgeber in Wirtschaft und Wissenschaft.

Prof. Dr.-Ing. Roman Dumitrescu
Geschäftsführer it's OWL Clustermanagement

Günter Korder
Geschäftsführer it's OWL Clustermanagement

Herbert Weber
Geschäftsführer it's OWL Clustermanagement

Vorwort (Projektkoordinator)

GEA ist einer der größten Systemanbieter für die nahrungsmittelverarbeitende Industrie sowie ein breites Spektrum weiterer Branchen. Das international tätige Technologieunternehmen konzentriert sich auf Prozesstechnik, Komponenten und umweltschonende Energielösungen für anspruchsvolle Produktionsverfahren in unterschiedlichen Endmärkten. Ein wichtiger Bereich ist die Herstellung von Separatoren und Dekantern. Das Unternehmen erstellt Systeme und Prozesse zur mechanischen Klärung und Trennung von Flüssigkeiten für die Nahrungsmittelindustrie, Chemie, Pharmazie, Biotechnologie, Energie, Schifffahrt und Umwelttechnik.

Durch die rasante Entwicklung der Informationstechnik ergeben sich für Maschinen- und Anlagenbauer neue Möglichkeiten, Erfolg versprechende Produkt- und Serviceinnovationen umzusetzen. Das betrachtete System, bestehend aus Separator, Steuerungstechnik und Konnektivität erfordert hierbei ein fachdisziplinübergreifendes Zusammenwirken von Maschinenbau, Elektrotechnik und Informationstechnik. Interdisziplinäres Denken und Handeln ist aufgrund steigender Komplexität wichtiger denn je. Klassischerweise sind diese Disziplinen jedoch organisatorisch getrennt.

Im Rahmen des Projektes sollte das Selbstoptimierungspotenzial an einem Separator der GEA Westfalia Separator Group GmbH, die zur GEA Group Aktiengesellschaft gehört, erforscht werden. Grundvoraussetzung für eine optimale Separationsleistung sind optimale, produktspezifische Umgebungs- und Betriebsbedingungen. Da ein Separator jedoch in der Regel Teil eines übergeordneten Produktionsprozesses ist, ist die erforderliche Kontinuität von den Separatorenherstellern allein nicht sicherzustellen und durch den Separator auch nicht zu beeinflussen. Vielmehr muss der Separator sich ändernde Rahmenbedingungen im Prozess erkennen und darauf eigenständig reagieren, um eine optimale Leistung zu erzielen.

Mit Einzug der Mechatronik bzw. der Automatisierung in die ehemals rein mechanische Trenntechnik sind erste Voraussetzungen bereits geschaffen worden. Heutzutage werden Separatoren über vordefinierte Parameterkombinationen mithilfe einer SPS angesteuert, um den sicheren Betrieb zu gewährleisten.

Langjähriges Erfahrungswissen spielt bei der Festlegung der Betriebsparameter sowie im Rahmen der Produktentwicklung eine zentrale Rolle. Es handelt sich hierbei sowohl um Wissen über die Verarbeitung unterschiedlicher Medien als auch um Wissen über die tatsächlichen verfahrenstechnischen Abläufe innerhalb eines Separators. Hinzu kommt Wissen über systemische Zusammenhänge wie z. B. Auswirkungen von nicht optimalen Betriebsbedingungen. Dieses Wissen ist heutzutage in der Regel personengebunden und zudem global verteilt, z. B. in den Köpfen von Servicemitarbeitern, die aufgrund ihrer Erfahrungen Betriebsbedingungen und Leistungsentfaltungen der Separatoren analysieren können. Diese Zusammenhänge sind oft nicht auf den ersten Blick ersichtlich, da der Separator z. B. keine Störungen meldet aber die Produktionsleistung nicht den erwarteten Werten entspricht.

Unsere Motivation das Forschungsprojekt „Separator i4.0" zu initiieren war einerseits die Möglichkeiten der Digitalisierung für uns als Unternehmen zu nutzen. Daneben erschien es uns wichtig, den Dialog zwischen den unterschiedlichen Fachdisziplinen, sowohl intern als auch in der Kombination mit externen Partnern, zu etablieren. „Open Innovation" war das vieldiskutierte Stichwort hierzu. Uns war sehr bewusst, dass die Innovationen der Zukunft weniger durch den einzelnen Entwickler einer einzigen Fachdisziplin, sondern künftig in interdisziplinären Teams entstehen. Das Einbinden der unterschiedlichsten Fachkompetenzen – auch jener, die eventuell in einem Unternehmen nicht vorhanden sind – ist nur durch Wissenstransfer möglich. Hier hat der methodische Ansatz des „Systems Engineering" einen entscheidenden Beitrag für den Dialog zwischen den Fachdisziplinen und externen Partnern geleistet.

Das Erfahrungswissen langjähriger Mitarbeiter oder auch Kunden in der Bedienung unserer Maschinen und Anlagen nutzbar zu machen war und ist ein weiterer Schwerpunkt. Erfahrungswissen in einer geeigneten Form zu dokumentieren, um es dann in einer neuen Steuerungsgeneration zu implementieren, ist aus Sicht von GEA ein echter Mehrwert für unsere Kunden. Hierbei ist es unerheblich, wo die Erfahrung gesammelt wurde.

Eine zentrale Fragestellung für uns war, wie wir aus Daten Information generieren können. Denn es existiert vielfach keine unmittelbare Beziehung zwischen einem Sensorsignal und einer Information. Häufig steckt die Information in einem Signalverlauf oder der Kombination verschiedener Signale. An dieser Stelle lässt sich unser Erfahrungs- oder Zusammenhangswissen nutzen um die Information aus Signalen zu generieren und in Form von Regeln für unsere Kunden nutzbar zu machen. An dieser Stelle werden sich künftig die reinen Datenplattformen und sich entwickelnde datengetriebene Dienstleister von den Unternehmen mit technischer Kompetenz unterscheiden. Während die erst genannte Gruppe lediglich die Korrelation zwischen Signalen feststellen kann, können Maschinen- und Anlagenbauer dies mit Prozess- und Ingenieurswissen anreichern. Erst dadurch wird es ermöglicht, tiefgehende Schlussfolgerungen aus den Daten zu ziehen und unseren Kunden Handlungsempfehlungen zu liefern.

Markus Fleuter
Wilfried Mackel
GEA Westfalia Group GmbH

Inhaltsverzeichnis

Herausgeber- und Autorenverzeichnis

Über die Herausgeber

Prof. Dr.-Ing. Roman Dumitrescu ist Direktor am Fraunhofer-Institut für Entwurfstechnik Mechatronik IEM und Leiter des Fachgebiets „Advanced Systems Engineering" an der Universität Paderborn. Sein Forschungsschwerpunkt ist die Produktentstehung intelligenter technischer Systeme. In Personalunion ist Prof. Dumitrescu Geschäftsführer des Technologienetzwerks Intelligente Technische Systeme OstWestfalenLippe (it's OWL). In diesem verantwortet er den Bereich Strategie, Forschung und Entwicklung.

Markus Fleuter ist Senior Vice President der GEA Westfalia Separator Group GmbH. In dieser Funktion verantwortet er das Offer and Order Management für die Produktgruppe Separation.

Autorenverzeichnis

Prof. Dr.-Ing. Roman Dumitrescu Produktentstehung, Fraunhofer Institut für Entwurfstechnik Mechatronik IEM, Paderborn, Deutschland

Markus Fleuter GEA Group, Offer and Order Management, Oelde, Deutschland

M.Sc. André Lipsmeier Produktentstehung, Fraunhofer Institut für Entwurfstechnik Mechatronik IEM, Paderborn, Deutschland

Dipl.-Ing Wilfried Mackel Customized Separation, Gea Group, Oelde, Deutschland

Dr. rer. nat. Felix Reinhart Produktentstehung, Fraunhofer Institut für Entwurfstechnik Mechatronik IEM, Paderborn, Deutschland

Dr.-Ing. Frank Taetz Produktgruppe Zentrifugen, Gea Group, Paderborn, Deutschland

Dipl.-Ing. Sebastian von Enzberg Produktentstehung, Fraunhofer Institut für Entwurfstechnik Mechatronik IEM, Paderborn, Deutschland

Dr.-Ing. Thorsten Westermann Produktentstehung, Fraunhofer Institut für Entwurfstechnik Mechatronik IEM, Paderborn, Deutschland

Abkürzungsverzeichnis

CPS	Cyber-Physikalische Systeme
FFT	Fast Fourier Transform (Schnelle Fouriertransformation)
FMEA	Failure Measure and Effects Analysis (Fehlermöglichkcits- und – einflussanalyse)
FTA	Fault Tree Analysis (Fehlerbaumanalyse)
FTP	File Transfer Protocol
GUI	Graphical User Interface
i. O.	in Ordnung
IPC	Industrie-PC
ITS	Intelligente Technische Systeme
KI	Künstliche Intelligenz
LDA	Lineare Diskriminanzanalyse
MBSE	Model-Based Systems Engineering
MCC	Matthews Correlation Coefficient
PCA	Principal Component Analysis (Hauptkomponentenanalyse)
PLC	Programmable Logic Controller
RBF	Radiale Basisfunktion
SE	Systems Engineering
SPS	Speicherprogrammierbare Steuerung

Einführung

1

Roman Dumitrescu und Markus Fleuter

Die technischen Systeme des Maschinen- und Anlagenbaus und verwandter Branchen von morgen werden eine inhärente Intelligenz aufweisen und via Internet vernetzt sein. Durch die zunehmende Intelligenz und Vernetzung technischer Systeme werden die physikalische und die virtuelle Welt zunehmend miteinander verschmelzen. Begriffe wie Intelligente Technische Systeme (ITS), Cyber-Physische Systeme (CPS) oder Internet der Dinge charakterisieren diese Entwicklung, die im Wesentlichen auf der integrierten Nutzung zweier Technologiefelder beruht: zum einen Systeme mit eingebetteter Software; zum anderen globale Datennetze mit verteilten und interaktiven Anwendungssystemen (z. B. Internet) (Geisberger und Broy 2012). Der Einsatz von Intelligenten Technischen Systemen in der industriellen Produktion wird diese grundlegend verändern. Sämtliche Maschinen, Lagersysteme und Betriebsmittel werden miteinander vernetzt sein, eigenständig Informationen austauschen und sich selbstständig steuern. Dadurch entstehen sog. Smart Factories, die ihre Struktur sowie ihre Parameter situationsspezifisch und autonom anpassen können (Kagermann et al. 2013). Dieser Wandel wird heute als vierte industrielle Revolution oder Industrie 4.0 bezeichnet und beschreibt eine neue Stufe der Organisation und Steuerung komplexer Wertschöpfungsnetzwerke (acatech 2011). Die erwarteten Potenziale von Industrie 4.0 sind hoch: die steigende Flexibilität der gesamten Wertschöpfungsprozesse soll kundenindividuelle Produkte bis zur Losgröße 1 ermöglichen; Ressourcen sollen effizienter genutzt

R. Dumitrescu (✉)
Produktentstehung, Fraunhofer Institut für Entwurfstechnik Mechatronik IEM,
Paderborn, Deutschland
E-Mail: roman.dumitrescu@iem.fraunhofer.de

M. Fleuter
GEA Group, Offer and Order Management, Paderborn, Deutschland

© Springer-Verlag GmbH Deutschland, ein Teil von Springer Nature 2019
R. Dumitrescu und M. Fleuter (Hrsg.), *Intelligenter Separator,* Intelligente
Technische Systeme – Lösungen aus dem Spitzencluster it's OWL,
https://doi.org/10.1007/978-3-662-58018-9_1

werden; die Arbeit kann besser an die Bedürfnisse des Menschen angepasst werden und neue Wertschöpfungspotenziale durch innovative zumeist datenbasierte Dienstleistungen entstehen. Für den Hochlohnstandort Deutschland bietet Industrie 4.0 die Möglichkeit, langfristig wettbewerbsfähig gegenüber Niedriglohnländern zu bleiben (Kagermann et al. 2013; acatech 2011).

Der skizzierte Wandel der industriellen Produktion stellt die Unternehmen jedoch auch vor Herausforderungen. Durch die zunehmende Durchdringung technischer Systeme mit Informations- und Kommunikationstechnik (IKT) steigen der Funktionsumfang sowie die Vernetzung der Systeme. Die Folge ist ein Anstieg der Komplexität und Interdisziplinarität. Die effiziente Entwicklung solch multidisziplinärer Systeme bedarf daher einer integrativen, neuen Herangehensweise, die auf den Grundprinzipien der Systemtechnik und des Systems Engineerings beruht und unterschiedliche Fachdisziplinen miteinander verzahnt. Um diesen Herausforderungen zu begegnen wurde in dem Verbundprojekt „Separator i4.0" des BMBF-Spitzenclusters it's OWL ein Instrumentarium bestehend aus Methoden und Technologien entwickelt, das Unternehmen bei der Entwicklung Intelligenter Technischer Systeme unterstützt. Die Vorstellung des Instrumentariums und dessen Anwendung ist Gegenstand des vorliegenden Buches.

Das Instrumentarium besteht aus Methoden zur Modellierung, Modularisierung und Analyse multidisziplinärer Systeme sowie aus technologischen Lösungen zur Steigerung der Intelligenz technischer Systeme. Entwickelt und erprobt wurde das Instrumentarium am Beispiel einer Industriezentrifuge, einem sog. Separator. Der Separator unterstreicht die hohe Praxisrelevanz der Ergebnisse und steht dabei stellvertretend für sämtliche technische Systeme insbesondere des Maschinen- und Anlagenbaus.

Die Inhalte des vorliegenden Buches gliedern sich wie folgt: In Kap. 1 wird die Ausgangssituation und Problemstellung, der Handlungsbedarf sowie der Aufbau und das Vorgehen des Projekts beschrieben. Kap. 2 gibt einen Überblick über die notwendigen Grundlagen in den Themenfeldern Separatorentechnik, interdisziplinäre Entwicklungsmethodik, Sensorik, Expertensysteme und Maschinelles Lernen. Den Kern des vorliegenden Buches bildet Kap. 3. Es stellt die methodischen und technologischen Bestandteile des Instrumentariums sowie dessen Zusammenwirken am Beispiel eines Separators vor. Anschließend beschreibt Kap. 4 die Ergebnisse der Anwendung des Instrumentariums. Kap. 5 gibt abschließend eine Zusammenfassung und einen Ausblick auf weiteren Forschungsbedarf.

1.1   Separatoren auf dem Weg zu Intelligenten Technischen Systemen

Erfolgversprechende Produktinnovationen des modernen Maschinenbaus beruhen zunehmend auf dem engen Zusammenwirken von Mechanik, Elektrik/Elektronik und Softwaretechnik. Dafür steht der Begriff Mechatronik. Durch die Entwicklung der

Informations- und Kommunikationstechnik wandeln sich mechatronische Systeme hin zu Intelligenten Technischen Systemen (kurz: ITS). ITS sind mechatronische Systeme mit einer inhärenten Teilintelligenz, die adaptiv, robust, vorausschauend und benutzungsfreundlich sind. Sie sind also in der Lage, sich ihrer Umgebung autonom anzupassen, unerwartete Situationen in einem dynamischen Umfeld zu bewältigen, zukünftige Ereignisse auf Basis von Erfahrungswissen zu antizipieren und sich auf das Verhalten ihrer Benutzer einzustellen. Zudem kommunizieren und kooperieren sie mit anderen Systemen. Dadurch entstehen vernetzte Systeme, deren Funktionalität sich erst durch das Zusammenspiel der Einzelsysteme ergibt (Dumitrescu 2010; Gausemeier et al. 2013). Intelligente Technische Systeme eröffnen Unternehmen neue Perspektiven und bilden die Grundlage für eine Vielzahl von Innovationen. Beispielhafte Möglichkeiten von ITS sind neue bzw. verbesserte Funktionalitäten für Produkte und Produktionssysteme, gesteigerte Zuverlässigkeit, Sicherheit und Verfügbarkeit, flexiblere Prozesse sowie eine effizientere Nutzung von Ressourcen wie Energie und Material.

Den skizzierten Wandel von mechatronischen hin zu Intelligenten Technischen Systemen vollziehen sämtliche maschinenbauliche Erzeugnisse, wie auch die in diesem Buch fokussierten Separatoren. Separatoren sind technische Geräte für die mechanische Trennung eines Rohprodukts. Die Anwendungsgebiete reichen dabei von Trennprozessen in der chemischen und pharmazeutischen Industrie, der Öl- und Fettgewinnung, bis hin zur Herstellung von Molkereiprodukten, Bier, Wein, Frucht- und Gemüsesäften oder der Verarbeitung von Mineralöl und Mineralölprodukten (Stahl 2004).

Um eine zuverlässige Trennung zu gewährleisten, sind optimale Betriebsbedingungen erforderlich, wie z. B. Temperatur, Drehzahl und Zusammensetzung der Rohprodukte. Diese sind jedoch häufig nicht gegeben, da die Zentrifuge in einen übergeordneten, schwankungsbehafteten Produktionsprozess eingebunden ist. Um Verfahrensabläufe zu optimieren, ist ein umfangreiches maschinen- und prozessseitiges Wissen erforderlich, das häufig nur eingeschränkt vorhanden ist. Beide Aspekte führen zu niedrigeren Effizienzen und Ausbeuteverlusten. Zur Steigerung der Zuverlässigkeit und Effizienz des Trennprozesses müssen sich die Separatoren eigenständig an sich ändernde Bedingungen anpassen und dabei auch auf das notwendige Expertenwissen zugreifen.

Die voranschreitende Entwicklung der Informations- und Kommunikationstechnologien eröffnet der Separatorentechnik nun faszinierende Möglichkeiten, um den Betrieb der Systeme zu verbessern. Gelingt es beispielsweise maschinendynamische Daten einer Maschinenfamilie statistisch relevant und messtechnisch zu erfassen, Muster zu erkennen und diese in mathematisch-numerische Modelle zu überführen, ergeben sich ganz neue Möglichkeiten einer intelligenten, selbstlernenden Maschinen- und Prozessführung. Dies beinhaltet u. a. das selbstständige Anpassen der Betriebsparameter durch die Maschine, das Erkennen und Veranlassen von Wartungsarbeiten („Service on Demand") und die Bereitstellung standortübergreifender Kennzahlen in Produktionsverbünden.

Folglich macht die zunehmende Leistungsfähigkeit der Informationsverarbeitung Separatoren intelligenter. Gleichzeitig wird der Grad der Vernetzung steigen, sodass Separatoren selbständig Informationen mit weiteren Systemen austauschen können (intelligenter, vernetzter Separator). Die technologische Weiterentwicklung der Systeme verändert nicht nur die Technik, sondern die gesamte Marktleistung. Es entstehen Produkt-Service-Systeme (auch hybride Leistungsbündel genannt), die auf einer engen Verzahnung von Sach- und Dienstleistungen beruhen und auf den Kunden ausgerichtete Problemlösungen erbringen. Die Nutzenpotentiale für neuartige Produkt-Service-Systeme werden oft auf datenbasierte Dienstleistungen zurückgeführt, welche die Erfassung, Verarbeitung und Auswertung von Daten umfassen. Die geschickte Kombination von innovativen Diensten und intelligenten Systemen bietet ein vielversprechendes Nutzenpotential für neue Geschäftsmodelle. Durch die enge Vernetzung sämtlicher Systeme in der physikalischen und in der digitalen Welt, entstehen sog. Systems of Systems, deren Funktionalität und Leistungsfähigkeit die der Summe der Einzelsysteme übersteigt. In Abhängigkeit des Gesamtsystemziels variieren die Systemgrenze, die Schnittstellen sowie die Rollen der Einzelsysteme. Das vernetzte System, welches zunehmend in globaler Dimension agiert, wird nicht mehr ausschließlich durch eine globale Steuerung beherrschbar sein. Vielmehr muss auch durch lokale Strategien ein global erwünschtes Verhalten erreicht werden. Abb. 1.1 verdeutlicht die beschriebenen Entwicklungsstadien von Separatoren.

Der aufgezeigte Wandel von mechatronischen hin zu Intelligenten Technischen Systemen stellt die Hersteller solcher Systeme vor Herausforderungen. Bestehende Systeme müssen durch neue IKT-Technologien angereichert werden. Beispiele für IKT-Technologien sind neue Sensoren, Verfahren der künstlichen Intelligenz sowie fortgeschrittene Algorithmen zur Regelung und Steuerung komplexer maschineller Abläufe. Der dadurch steigende Funktionsumfang, die zunehmende Vernetzung sowie die Verschmelzung von Sach- und Dienstleistungen steigern die Komplexität und Interdisziplinarität der Systeme.

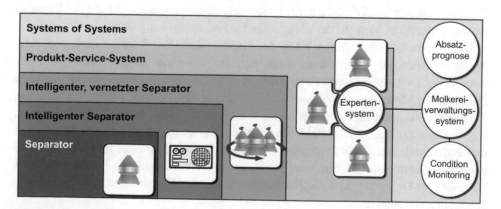

Abb. 1.1 Entwicklung von klassischen Separatoren zu Systems of Systems

1.2 Innovationsprojekt „Separator i4.0" im Spitzencluster it's OWL

Das Gesamtziel des Verbundprojekts „Separator i4.0" war die nachhaltige Einbindung von Expertenwissen in die zukunftsweisende Weiterentwicklung und Optimierung von Separationsprozessen. Durch die Entwicklung neuartiger intelligenter Komponenten aus dem Bereich der Sensorik wird es zukünftig möglich sein, Separatoren und die zugehörigen Prozesszusammenhänge zu verstehen und diese ökologisch/ökonomisch optimal auszulegen und zu betreiben. Hierzu wurde ein Instrumentarium bestehend aus Methoden und Lösungen erarbeitet, das darüber hinaus auf analoge Problemstellungen komplexer maschinenbaulicher Anlagen anwendbar sein wird.

Im Kern stand die Optimierung des Energie- und Ressourcenverbrauchs unter konsequenter Entwicklung neuester Technologien im Kontext Industrie 4.0. D. h. die Nutzbarmachung modernster Erkenntnisse zur Vernetzung der Anlagen, sowie die Formalisierung von Expertenwissen zur bestmöglichen Nutzung von Ressourcen wie Energie. Angestrebt wurde eine Energieeffizienzsteigerung von mind. 5 %. Erreicht wurde das Ziel durch den Einsatz spezieller Modellierungstechniken im Kontext des Systems Engineering. Diese ermöglichen eine interdisziplinäre Systemsicht, die als Kommunikationsplattform zwischen den einzelnen Disziplinen die Effizienz im Entwicklungsgeschehen verbesserte und weiterhin verbessern wird. Systemmodelle als abstraktes und allgemeinverständliches Abbild des Systems und Prozessgeschehens wurden sowohl zur Externalisierung des personengebundenen Erfahrungswissens als auch in der Entwicklung neuartiger Komponenten eingesetzt. Das Gesamtziel des Projekts untergliederte sich in drei Teilziele, die im Folgenden erläutert werden.

Teilziel 1: Interdisziplinäre Entwicklungsmethodik Komplexe multidisziplinäre Systeme, wie z. B. Separatoren, erfordern eine systemische Betrachtung des Gesamtsystems. Zusätzlich zu den in der Mechatronik relevanten Disziplinen wie Maschinenbau, Regelungstechnik, Elektrotechnik und Softwaretechnik ist im Kontext der mechanischen Trenntechnik die Verfahrenstechnik von hoher Bedeutung. Ziel war daher eine interdisziplinäre Methodik, welche die disziplinspezifischen Sichtweisen in der Entwicklung von Separatoren von Beginn an vereint. Ein besonderer Fokus lag dabei auf der stufenweisen Systemmodellierung, welche die Produkt- sowie Prozessbeschreibung vereint und die Abbildung komplexer Prozessabläufe ins Zentrum rückt. Ein Unterziel war daher die Definition von geeigneten Darstellungsvorschriften für die fachdisziplinübergreifende Systemmodellierung. Im Zusammenspiel mit zu definierenden Analyseaufgaben dienten sie als Ausdrucksmedien bei der Externalisierung des Expertenwissens. Ein weiteres Unterziel waren geeignete mechatronische Modularisierungskonzepte. Gemeint ist die Modularisierung des Gesamtsystems über die fachdisziplinspezifischen Grenzen hinweg, um bei der applikationsspezifischen Ausführung eines Separators effizient Software-/Hardwarekombinationen wiederzuverwenden.

Teilziel 2: Expertensystem Expertensysteme sind wissensbasierte Systeme, die das Wissen von Experten bestimmter Fachgebiete für einen eingegrenzten Aufgabenbereich softwaretechnisch repräsentieren und zur Lösungsfindung komplexer Problemstellungen nutzen. Klassischerweise wird dabei das Expertenwissen in geeigneter Form abgebildet, Anwendern zur Verfügung gestellt und durch definierte Strategien zur Problemlösungsfindung eingesetzt. Dabei zieht die Software eigenständig Rückschlüsse und führt auf dieser Grundlage die Problemlösung durch. Das im Rahmen des vorliegenden Projekts angestrebte Expertensystem sollte von der Steuerung aufgezeichnete Kenngrößen mit langjährigem Expertenwissen verknüpfen und in Zusammenhang setzen. Unterziele in diesem Kontext waren: Externalisierungsstrategien, um erforderliche Expertise zu identifizieren und nutzbar zu machen; besseres Systemverständnis durch Aufdeckung von Prozesszusammenhängen; Verknüpfung von Prozesszuständen mit Handlungsempfehlungen sowie die teilautomatisierte Konfiguration von Betriebsparametern.

Teilziel 3 Intelligente Sensorik Ein weiteres Teilziel des Gesamtprojekts war eine intelligente Sensorik, welche in die bestehenden Separatoren integriert werden sollte. Sie sollte Aufschluss über die Zustände am Übergang vom Zuführungsrohr und Verteiler im Zentrum eines Separators geben. Es handelt sich um die Stelle, wo das eingeleitete Rohprodukt erstmals die Fließrichtung ändert und schlagartig beschleunigt wird. Bestenfalls sind alle Parameterkombinationen am Separator so eingestellt, dass ein gewisser Flüssigkeitsspiegel im Verteiler vorhanden ist und das Rohprodukt kontinuierlich in diesen übergeht. Ist dies nicht der Fall, kann es zu Leistungs- und Qualitätsverlusten bis hin zur Zerstörung des Produkts kommen (z. B. bei der Verarbeitung von Hefe). Ziel war es daher, mit Hilfe von Sekundärquellen intelligent auf den tatsächlichen Zustand Rückschlüsse zu ziehen. Dies war erforderlich, da die Stelle des Übergangs nur schwer und aufwendig messtechnisch zugänglich ist. Die Entwicklung reichte von der Identifizierung geeigneter Quellen, wie z. B. Geräusche oder angeregte Schwingungen, über die Konzipierung bis hin zur detaillierten Ausarbeitung und prototypischen Umsetzung der Sensorikeinheit sowie der sensorbasierten Detektion von Prozesszuständen.

Als **Ergebnis** liegt ein erprobtes Instrumentarium vor, mit dessen Hilfe intelligente Komponenten interdisziplinär und unter Nutzung von formalisiertem Expertenwissen entwickelt und in bestehende Gesamtsysteme integriert werden können.

Zur Erreichung der beschriebenen Ziele wurde das Verbundprojekt „Separator i4.0" in Teilprojekte aufgeteilt (s. Abb. 1.2). Die dazu benötigten Kompetenzen wurden von den Verbundprojektpartnern Fraunhofer-Institut für Entwurfstechnik Mechatronik IEM und GEA Westfalia Group GmbH beigesteuert. Dies waren im Detail Kompetenzen auf dem Handlungsfeld Methoden und Werkzeuge für eine zukunftsorientierte und interdisziplinäre Entwicklung „Intelligenter Technische Systeme" sowie langjährige Expertise in der Entwicklung von Separatoren und Optimierung verfahrenstechnischer Prozesse in der mechanischen Trenntechnik.

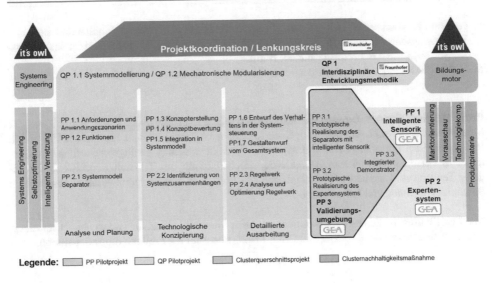

Abb. 1.2 Projektstruktur

Das Verbundprojekt gliederte sich in ein Querschnittsprojekt (QP) und drei Pilot-projekte (PP). Diese wurden jeweils durch einen Partner verantwortlich geleitet; die Bearbeitung erfolgte in Kooperation. Die Cluster-Querschnittsprojekte (CQP) Systems Engineering, Intelligente Vernetzung und Selbstoptimierung stellten eine technologische Basis dar, auf die im Rahmen dieses Verbundprojekts zurückgegriffen wird. Der Austausch von Erkenntnissen aus den projektspezifischen Anwendungen erfolgte bilateral. Gleiches gilt für den Austausch mit den Clusternachhaltigkeitsmaßnahmen (CNM) Bildungsmotor, Vorausschau, Technologieakzeptanz und Prävention gegen Produktpiraterie.

Literatur

acatech – Akademie der Technikwissenschaften (Hrsg) (2011) Cyber-physical systems – Innovationsmotor für Mobilität, Gesundheit Energie und Produktion. Springer, Berlin

Dumitrescu R (2010) Entwicklungssystematik zur Integration kognitiver Funktionen in fort-geschrittene mechatronische Systeme. Dissertation, Fakultät für Maschinenbau, Universität Paderborn, HNI-Verlagsschriftenreihe, Bd 286, Paderborn

Gausemeier J, Anacker H, Czaja A, Waßmann H, Dumitrescu R (2013) Auf dem Weg zu intelligen-ten technischen Systemen. In: Gausemeier J, Dumitrescu R, Rammig F, Schäfer W, Trächtler A (Hrsg) 9. Paderborner Workshop Entwurf mechatronischer Systeme. HNI-Verlagsschriftenreihe, Bd 310, Paderborn, 18–19 April 2013

Geisberger E, Broy M (Hrsg) (2012) agendaCPS – Integrierte Forschungsagenda Cyber-Physical Systems (acatech Studie). Springer, Wiesbaden

Kagermann H, Wahlster W, Helbig J (Hrsg) (2013) Deutschland als Produktionsstandort sichern – Umsetzungsempfehlungen für das Zukunftsprojekt Industrie 4.0. Abschlussbericht des Arbeitskreises Industrie 4.0. Forschungsunion, Berlin

Stahl WH (2004) Industrie-Zentrifugen – Maschinen- und Verfahrenstechnik. DrM Press, Männedorf

Prof. Dr.-Ing. Roman Dumitrescu ist Direktor am Fraunhofer-Institut für Entwurfstechnik Mechatronik IEM und Leiter des Fachgebiets „Advanced Systems Engineering" an der Universität Paderborn. Sein Forschungsschwerpunkt ist die Produktentstehung intelligenter technischer Systeme. In Personalunion ist Prof. Dumitrescu Geschäftsführer des Technologienetzwerks Intelligente Technische Systeme OstWestfalenLippe (it's OWL). In diesem verantwortet er den Bereich Strategie, Forschung und Entwicklung.

Markus Fleuter ist Senior Vice President der GEA Westfalia Separator Group GmbH. In dieser Funktion verantwortet er das Offer and Order Management für die Produktgruppe Separation.

Grundlagen

2

Thorsten Westermann, Wilfried Mackel und Frank Taetz

In diesem Kapitel werden die für dieses Buch grundlegenden Begriffe, Konzepte und Methoden eingeführt und erläutert. Zunächst werden in Abschn. 2.1 das physikalische Funktionsprinzip, die Komponenten, Ausführungen und Anwendungsbereiche von Separatoren erläutert. Anschließend werden in Abschn. 2.2 die relevanten Begriffe im Kontext der interdisziplinären Entwicklungsmethodik und des Systems Engineerings erklärt. Abschn. 2.3 erläutert grundlegende Aspekte zum Thema Sensorik in der Separatorentechnik. Schließlich führt Abschn. 2.4 die für das weitere Verständnis wichtigen Begriffe in den Bereichen Expertensysteme und Maschinelles Lernen ein.

2.1 Separatorentechnik

In der Verfahrenstechnik stellt die mechanische Trenntechnik einen zentralen Prozessschritt zur Produktherstellung und -veredelung dar. Durch unterschiedliche physikalische Prinzipien, wie z. B. Trennung aufgrund von Partikelgröße oder Materialdichte, wird eine Phasentrennung durchgeführt, die zu einer gewünschten Veränderung des Produktes führt.

T. Westermann (✉)
Produktentstehung, Fraunhofer Institut für Entwurfstechnik Mechatronik IEM, Paderborn, Deutschland
E-Mail: Thorsten.westermann@miele.com

W. Mackel
Customized Separation, GEA Group, Oelde, Deutschland
E-Mail: w.mackel@t-online.de

F. Taetz
Produktgruppe Zentrifugen, GEA Group, Paderborn, Deutschland

© Springer-Verlag GmbH Deutschland, ein Teil von Springer Nature 2019
R. Dumitrescu und M. Fleuter (Hrsg.), *Intelligenter Separator,* Intelligente Technische Systeme – Lösungen aus dem Spitzencluster it's OWL,
https://doi.org/10.1007/978-3-662-58018-9_2

Eine Ausprägung der mechanischen Trenntechnik ist die Nutzung von Zentrifugalkräften in sogenannten Zentrifugen. Hierbei erfolgt die Trennung aufgrund der Dichterunterschiede in Stoffgemischen. Zur Maschinengattung der Zentrifugen gehören sogenannte Tellerseparatoren. Diese Maschinen werden zur mechanischen Trennung von Suspensionen eingesetzt. Unterschiedliche Dichten der Phasen (flüssig/fest oder flüssig/flüssig) im Produkt sind die Voraussetzung für den Einsatz von Tellerseparatoren.

Die Bauart des Tellerseparators besteht seit mehr als 120 Jahren aus den gleichen Grundkomponenten: einem Antrieb, einer Trommel (Rotor) sowie einem Tellerpaket. Eine schnelllaufende Welle (Spindel) wird durch ein **Antriebssystem** in Rotation versetzt. Dabei ist die Spindel elastisch gelagert, um einen überkritischen Betrieb zu ermöglichen. Die Spindel ist mit der **Trommel** durch eine Welle-Nabe-Verbindung verbunden. Dabei ist die Trommel „fliegend" gelagert. Das System wird in der Regel überkritisch betrieben, d. h. die Trommeldrehzahl liegt oberhalb der ersten Biegeeigenfrequenz (1. Gleichlauf) des Spindel-/Trommelsystems. Durch diese Anordnung gibt es keine maschinendynamische Limitierung der Drehzahl. Diese wird durch die zulässigen Spannungen der eingesetzten Werkstoffe bestimmt. Innerhalb der Trommel befindet sich ein sog. **Tellerpaket,** welches namensbestimmend für diese Zentrifugenbauart ist. Der Teller ist ein konisch ausgeführtes Blech in Kegelform, welches mit Abstandshaltern versehen ist. Durch die konzentrische Stapelung der Teller übereinander entsteht ein sog. Tellerpaket. Dieses Paket rotiert mit der gleichen Drehzahl wie die umgebende Trommel und wird von der zu trennenden Suspension durchströmt. Durch den geringen Wandabstand der Strömung innerhalb der Teller wird der Absetzweg der schwereren Phase kurzgehalten und damit das Trennergebnis optimiert. Üblicherweise wird das Paket im Gegenstrom durchströmt. Die Strömungsrichtung der Suspension ist demnach radial entgegen der Auf-/Abtriebskraft der schwereren Phase gerichtet. Abb. 2.1 stellt den schematischen Aufbau eines Tellerseparators dar.

Ausführungen Separatoren werden spezifisch für die einzelnen Anwendungsfelder ausgelegt. Dabei kommen unterschiedliche Grundausführungen zum Einsatz. Bei einem **Vollmantelseparator** wird die getrennte schwere Phase periodisch und manuell der Trommel entnommen. Ein **Düsenseparator** trägt die getrennte schwere Phase wird kontinuierlich durch Düsen an der Peripherie aus. Demgegenüber wird die schwere Phase bei einem **selbstentleerenden Separator** periodisch bei voller Betriebsdrehzahl durch ein an der Peripherie angeordnetem Öffnungssystem ausgestoßen. Alle Bauarten können sowohl für den Einsatz mit Suspensionen vom Typ fest/flüssig, flüssig/flüssig als auch flüssig/flüssig/fest betrieben werden.

Als **Werkstoffe** werden heute fast ausschließlich hochfeste, nichtrostende Stähle eingesetzt (z. B. Martensit oder Duplex). In Sonderfällen kommen auch Werkstoffe auf Nickelbasis zum Einsatz. Aus Festigkeits- und Sicherheitsgründen werden die Trommeln immer aus geschmiedeten Rohlingen gefertigt. Für den **Antrieb** existieren unterschiedliche Ausführungen, wie z. B. Schraubenradgetriebe, Riemenantriebe, Direktantriebe und integrierte Direktantriebe.

Abb. 2.1 Schematischer
Aufbau eines Separators (GEA
Group)

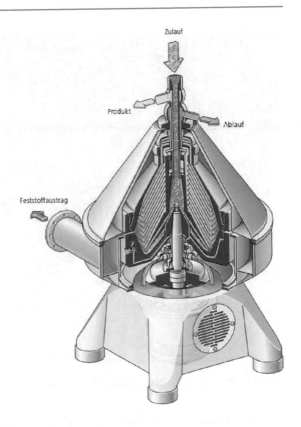

Anwendungen Tellerseparatoren haben eine sehr große Anwendungsbreite, die von Trennprozessen in der chemischen und pharmazeutischen Industrie, der Öl- und Fettgewinnung, bis hin zur Herstellung von Molkereiprodukten, Bier, Wein, Frucht- und Gemüsesäften oder der Verarbeitung von Mineralöl und Mineralölprodukten reicht. Abb. 2.2 zeigt den Einsatz von Tellerseparatoren in einer Molkerei.

Das Ergebnis dieser Variantenvielfalt sind bis zu 3000 unterschiedliche Applikationen. Dies ist insbesondere auch deshalb bemerkenswert, da der physikalische Anwendungsbereich im Wesentlichen bei einer abzuscheidenden Partikelgröße von 1 μm bis 20 μm oder einer Dichtedifferenz der zu trennenden Phasen von größer 5 kg/m^3 liegt. Oberhalb dieser Werte kommen sogenannte Dekanterzentrifugen zum Einsatz (Partikel > 20 μm, Dichtedifferenz größer 50 kg/m^3). Bei kleineren Partikelgrößen wird bevorzugt Mikrofiltration angewandt, die die mechanische Trennung durch Größenklassifizierung erreicht. In vielen Bereichen der Nahrungsmittelindustrie und insbesondere der pharmazeutischen Industrie werden hohe Anforderungen an sanitäre Standards gestellt, die inzwischen detailliert von nationalen und internationalen Institutionen festgelegt werden (z. B. 1ASME BPE-2016 Code für pharmazeutische Applikationen, 3A Standard Code der amerikanischen Milchwirtschaft für Molkereianwendungen oder EHEDG Standard der europäischen Gemeinschaft).

Abb. 2.2 Einsatz von Tellerseparatoren in der Molkerei (GEA Group)

2.2   Interdisziplinäre Entwicklungsmethodik

Der Entwurf Intelligenter Technischer Systeme bedarf einer interdisziplinären Herangehensweise, die alle Fachdisziplinen in der Entwicklung vereint. Etablierte Entwicklungsmethodiken des klassischen Maschinenbaus, wie die Konstruktionslehre nach Pahl und Beitz (2007) und der Mechatronik, wie die VDI-Richtlinie 2206 „Entwicklungsmethodik für mechatronische Systeme" (VDI2206), sind hier nicht ausreichend. Sie adressieren das Entwurfsgeschehen aus der Sicht einzelner Fachdisziplinen und werden dem interdisziplinären Charakter von ITS nicht gerecht. Ein Ansatz, der dem Anspruch komplexer werdender Systeme gerecht wird, ist das sog. **Systems Engineering** (SE). SE versteht sich als durchgängige, fachdisziplinübergreifende Disziplin zur Entwicklung technischer Systeme, die alle Aspekte ins Kalkül zieht. Es stellt das multidisziplinäre System in den Mittelpunkt und umfasst die Gesamtheit aller Entwicklungsaktivitäten. Im Vordergrund stehen also die Interdisziplinarität und die zielgerichtete, ganzheitliche Problembetrachtung. Systems Engineering erhebt somit den Anspruch die Akteure in der Entwicklung komplexer Systeme zu orchestrieren. Es adressiert hierzu das zu entwickelnde System sowie das zugehörige Projekt gleichermaßen (Gausemeier et al. 2013) (s. Abb. 2.3).

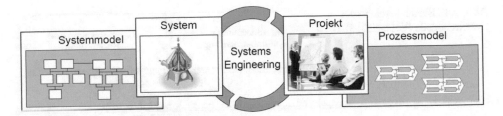

Abb. 2.3 Gemeinsame Betrachtung von System und Projekt – Die Kernaspekte des SE (Gausemeier et al. 2013)

Innerhalb des Systems Engineering wird das Systemdenken in den Vordergrund gestellt. Damit soll das technische System ganzheitlich und interdisziplinär betrachtet werden. Hier setzen die Konzepte des Model-Based Systems Engineerings (MBSE) an. Ziel ist ein Systemmodell, das im Mittelpunkt der Entwicklung multidisziplinärer Systeme steht. Das Systemmodell dient als Verständigungsmittel zwischen den Entwicklern der verschiedenen Fachdisziplinen (z. B. Mechanik, Elektrik/Elektronik und Softwaretechnik), indem es alle wesentlichen fachdisziplinübergreifenden Informationen über das System enthält und disziplinunabhängig beschreibt.

Mit dem MBSE-Ansatz und der damit verbundenen Systembeschreibung entstehen mehrere Bereiche, in denen das Systemmodell unterstützend eingesetzt werden kann (Abb. 2.4). Es ermöglicht eine ganzheitliche interdisziplinäre Betrachtung des Systems und fördert damit das Systemdenken. Darüber hinaus wird es als Plattform zur Kommunikation und Kooperation der beteiligten Fachdisziplinen gesehen. Auch eine Koordination der Arbeiten fällt in diesen Bereich. Durch die gemeinsame Erstellung des Systemmodells in der frühen Phase der Entwicklung dient das Systemmodell als Basis für die Konkretisierung der Arbeiten innerhalb der einzelnen Fachdisziplinen. Darüber hinaus erfolgt die Dokumentation der disziplinübergreifenden Informationen ebenfalls im Systemmodell. Durch die interdisziplinären Informationen über das System kann es bei der Verifikation und Validierung unterstützend eingesetzt werden. Mittels einer rechnerinternen Beschreibung des Systemmodells kann dieses als Bindeglied zwischen allen Produktdaten fungieren.

Zur Beschreibung eines Systemmodells werden neben einer graphischen Modellierungssprache, ein Softwarewerkzeug und eine Methode benötigt (Kaiser et al. 2013). Erst eine auf einander abgestimmte Kombination ermöglicht den effizienten Einsatz der Systemmodellierung in einem Unternehmen. Die Modellierungssprache ist bei isolierter Betrachtung nur ein Ausdrucksmittel; der Zweck zur Anwendung der Sprache wird durch eine Methode festgelegt. Bezugnehmend auf die **Modellierungssprache** ermöglichen graphische Sprachen eine ganzheitliche Abbildung eines Systems und fördern damit das Systemdenken. Etablierte Modellierungssprachen sind u. a. die **Systems Modeling Language** (SysML) sowie die Spezifikationstechnik **CONSENS** (CONceptual design Specification technique for the Engineering of complex Systems) (Adelt et al. 2009). Ziel

Abb. 2.4 Einsatzbereiche des
Systemmodells (Kaiser 2013)

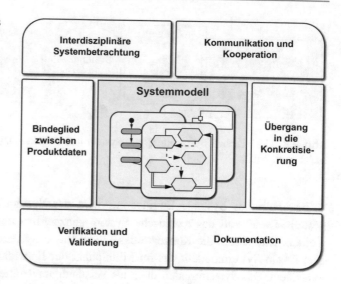

von CONSENS ist die ganzheitliche und disziplinübergreifende Beschreibung eines fortgeschrittenen mechatronischen Systems im Rahmen der Konzipierung. Die Spezifikationstechnik bildet im weiteren Verlauf die Basis für sämtliche entwicklungsmethodische Aktivitäten.

Neben der Modellierung von Intelligenten Technischen Systemen war das Themenfeld der **Modularisierung** ein weiterer Schwerpunkt des Verbundprojekts Separator i4.0. Ansätze zur Modularisierung bzw. zur Produktstrukturierung im klassischen Maschinenbau definieren Pahl et al. (2007), wie z. B. **Plattformkonzept** oder **Baukastenkonzept**. Analog zur Gliederung des Produkts schlagen sie eine Unterteilung der Funktionalität in Form einer Funktionsstruktur vor. Bei dessen Erarbeitung kann auf existierende **Funktionskataloge** von Birkhofer (1980), Langlotz (2000), Roth (1994), Koller und Kastrup (1998) zurückgegriffen werden. EPPINGER und ein Kreis weiterer Autoren haben in den neunziger Jahren das Instrument der **Design Structure Matrix (DSM)** entwickelt (Eppinger et al. 1994; Pimmler und Eppinger 1994; Ulrich 1995). Es dient dazu, Elemente, die in Beziehung zueinanderstehen, in Einheiten zu strukturieren. Die DSM bildet zudem die Basis weiterer Ansätze zur Produktstrukturierung. Heutige Arbeiten beruhen auf diesen Ansätzen. So beschäftigen sich Lindemann und Maurer (2006) im SFB 768 mit der **strukturbasierten Modellierung** und Bewertung disziplinübergreifender Entwicklungszusammenhänge. Kipp und Krause (2008a, b) erarbeiten Methoden zur **variantengerechten Produktstrukturierung** sowie zur Entwicklung modularer Produktfamilien. Weitere aktuelle Ansätze liefern z. B. Schuh (2005) und Rapp (2010). Speziell In der Softwaretechnik gibt es etablierte Arbeiten wie z. B. **funktionale Dekomposition** oder **Objektorientierung** (Meyer und Lehnerd 1997). Ein Ansatz, (z. T. interdisziplinäre) Lösungsansätze wiederzuverwenden sind Lösungsmuster. Ein Lösungsmuster beschreibt dabei ein in unserer Umwelt immer wieder auftretendes Problem sowie den Kern der Lösung für dieses Problem (Alexander et al. 1977).

2.3   Sensorik

Im Rahmen der Digitalisierung erhalten Sensoren eine besondere Bedeutung. Ein **Sensor** (von lateinisch sentire, dt. „fühlen" oder „empfinden") ist ein technisches Bauteil, das bestimmte physikalische oder chemische Eigenschaften qualitativ oder als Messgröße quantitativ erfassen kann. Diese Größen werden mittels physikalischer oder chemischer Effekte erfasst und in ein elektrisches Signal umgewandelt. Die Abgrenzung der Begriffe Sensor und Messgrößenaufnehmer, Messfühler, Messgerät, Messeinrichtung etc. ist fließend, da dem Sensor zusätzlich zum eigentlichen Aufnehmer teilweise weitere Elemente der Messkette zugeordnet werden. Nähere Definitionen finden sich in der DIN 1319 1-4.

Der Fokus der Sensorauswahl für die Messung physikalischer oder chemischer Größen im Maschinen- und Anlagenbau liegt in der Regel auf einer eins-zu-eins-Beziehung. Das heißt, es wird im Wesentlichen ein Sensor für eine physikalische oder chemische Fragestellung genutzt. Die Auswahl des geeigneten Sensors setzt ein hohes Maß an elektrotechnischen und physikalischen Kenntnissen voraus. Die klassische Regelungstechnik im Maschinen und Anlagenbau basiert im Wesentlichen auf PID-Reglern. Voraussetzung für einen stabilen Betrieb dieser Regelkreise ist ein möglichst linearisiertes Sensorsignal über den physikalischen Messbereich.

Für die zentrifugale Trenntechnik gibt es heute keine geeigneten Sensoren, die das Trennergebnis qualitativ oder quantitativ erfassen können. Hier sind die Betreiber von solchen Anlagen auf Laborergebnisse angewiesen. Typischerweise werden jedoch Zentrifugen im Einsatz in der Lebensmittelindustrie mit schwankenden Rohprodukteigenschaften konfrontiert. Hier wird schon heute versucht, mit Hilfe von Sekundärsignalen Rückschlüsse für die Steuerung der Maschinen/Anlagen zu ermöglichen. So lässt zum Beispiel die Häufigkeit des trübungsgesteuerten Feststoffaustrages eines selbstentleerenden Separators einen Rückschluss auf die Feststoffkonzentration des zugeführten Produktes zu.

In Separatoren findet die wesentliche Verfahrenstechnik im rotierenden System statt. Bei der Implementierung eines Sensors in das rotierende System gilt es die Frage zu beantworten, wie das Signal und die notwendige Energieversorgung für den Sensor übertragen werden kann. Für Forschungs- und Entwicklungsfragestellungen werden hier Telemetriesysteme eingesetzt. Diese haben sich jedoch im Dauereinsatz unter Produktionsumgebungsbedingungen noch nicht bewährt.

Während in der klassischen Steuerungstechnik häufig den einzelnen Sensorsignalen Grenzwerte zur Signalisierung von Fehlerzuständen zugeordnet werden, lässt die Kombination aus verschiedenen Sensorsignalwerten weitere Schlüsse auf Maschinen- bzw. Anlagenzustände zu. Diese Zusammenhänge werden jedoch heute selten genutzt.

Die zunehmende Digitalisierung bringt nun Möglichkeiten mit sich, um die Erkennung der Korrelation verschiedener Sensorsignale zu erkennen und daraus neue Steuerungslogiken abzuleiten. Die Analyse der Korrelationen und Ableitung von verwertbaren Regeln erfordert das Zusammenwirken aus den verschiedenen Fachdisziplinen wie Maschinenbau, Elektrotechnik, Verfahrenstechnik aber auch neuer Fachdisziplinen wie z. B. Data Science. Ein heutiger Entwicklungsschwerpunkt liegt deshalb in der Generierung von Information aus vorhandenen Sensorsignalen durch deren Kombination. Hierbei ist die Trenntechnik mit rotierenden Systemen ein höchst relevanter Anwendungsbereich.

2.4   Expertensysteme und Maschinelles Lernen

Expertensysteme sind rechnergestützte Systeme, welche die menschliche Fähigkeit zur Entscheidungsfindung und Problemlösung in einem meist eng eingegrenzten Aufgabengebiet nachbilden (Giarratano und Riley 1998; Puppe 1991). Sie bilden einen Teilbereich der **Künstlichen Intelligenz**. Oft werden die Begriffe wissensbasiertes System, Expertensystem oder Assistenzsystem synonym verwendet, wobei der Begriff des Expertensystems die Nachbildung der menschlichen Expertise in einem Computersystem besonders betont und Assistenzsysteme oft die physische Assistenz, z. B. in der Montage, bezeichnen. Im Wesentlichen umfasst ein Expertensystem folgende Komponenten (s. Abb. 2.5):

- **Wissensbasis:** Die Wissensbasis enthält das für die Lösung der Aufgabe des Expertensystems relevantes Wissen. Dieses Wissen kann auf unterschiedliche Weise repräsentiert sein, z. B. in Form von Fakten und einfachen (Wenn-Dann-) Regeln. Die Wissensbasis kann aber auch Modelle enthalten, die komplexere Zusammenhänge abbilden. Beispielsweise sind hier funktionale Zusammenhänge, Regressionsmodelle und Klassifikatoren zu nennen.

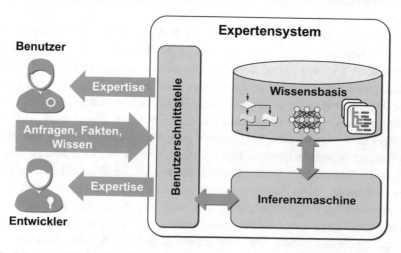

Abb. 2.5 Schematischer Aufbau eines Expertensystems

- **Inferenzmaschine:** Die Inferenzmaschine umfasst alle Mechanismen und Routinen, welche neues Wissen (Fakten, Regeln, Modelle) unter Nutzung der vorhandenen Wissensbasis sowie neuer Systemeingaben (Nutzeranfragen, neues Faktenwissen) generieren.
- **Benutzerschnittstellen:** Ein Expertensystem besitzt meist mehrere Benutzerschnittstellen für verschiedene Benutzergruppen. Beispielsweise eine Benutzerschnittstelle für Endnutzer zur Eingabe von Anfragen und Anzeige von systemgenerierten Antworten. Aber auch Benutzerschnittstellen zur Pflege der Wissensbasis sind Bestandteile eines Expertensystems.

Häufige **Anwendungsbeispiele für Expertensysteme** sind diagnostische und therapeutische Systeme in der Medizin, Planungs- und Entscheidungsunterstützungssysteme für ökonomische Fragestellungen und im Finanzwesen, Expertensysteme zur Fehleranalyse von technischen Anlagen, Systeme zur Unterstützung in der Energieversorgung, Prozesssteuerung, Stadtplanung, Chip-Design und Agrarwirtschaft, etc. (Shu-Hsien 2005).

Ein zentraler Schritt bei der Entwicklung eines Expertensystems ist die **Wissensakquisition.** Hier können verschiedene Ansätze verfolgt werden. Klassischerweise wird die Formalisierung von Wissen durch Befragung und Beobachtung von Experten größtenteils manuell durchgeführt. Ein alternativer Ansatz ist die Extraktion von Wissen aus Daten, wofür sich statistische und maschinelle Lernverfahren eignen.

Das **maschinelle Lernen** bezeichnet die computergestützte Extraktion von Regelmäßigkeiten aus Daten (Bishop 2006). Im Gegensatz zu analytischen Modellierungsansätzen zielt das maschinelle Lernen auf eine empirische, datengetriebene Modellbildung ab. Zusammenhänge in Daten müssen nicht explizit beschrieben werden, sie werden vielmehr durch maschinelle Lernverfahren implizit gefunden und abgebildet. Aus Daten erlernte Modelle eröffnen ein weites Anwendungsspektrum im Kontext technischer Systeme, welches von der Visualisierung hochdimensionaler Daten, Zustandsüberwachung, Anomalieerkennung, Prozesssteuerung und Regelung über die Prozessoptimierung bis hin zur vorausschauenden Instandhaltung reicht. Das maschinelle Lernen umfasst eine Menge von Methoden und Verfahren, die weiter untergliedert werden kann. Insbesondere wird zwischen überwachten und unüberwachten Lernverfahren unterschieden.

Beim **überwachten Lernen** stehen Datenpaare aus Eingaben und zugehörigen Sollausgaben zum Training bereit. Ziel ist das Lernen einer geeigneten Abbildung von Eingaben auf Ausgaben, sodass der Zusammenhang aus den Trainingsdaten auf neue Eingaben – ohne vorliegende Sollausgabe – korrekt übertragen wird. Die Fähigkeit geeignete Ausgaben für neue Eingaben zu generieren, die nicht Teil der Trainingsmenge waren, wird als **Generalisierung** bezeichnet. Das überwachte Lernen basiert meist auf einem parametrisierten Modell, dessen Parameter so adaptiert werden, dass der Fehler auf den Trainingsdaten minimiert wird. Je nach Beschaffenheit der Ein- und Ausgaben kann die zu lernende Abbildung weiter charakterisiert werden: Im Falle reellwertiger Ein- und Ausgaben spricht man von Regression. Die Klassifikation, oder auch Musterklassifikation, hingegen bezeichnet die Abbildung der Eingaben in eine diskrete und disjunkte Menge von Klassen, beispielsweise die in Abb. 2.6 dargestellte Klassifikation handgeschriebener Ziffern von 0–9 aus Pixelbildern. Die *Trainingsdaten* bestehen hier aus den Pixelbildern der Ziffern, diese sind Eingabedaten für das zu trainierende *Modell*. Zielgröße ist das *Klassenlabel* von „0" bis „9", dieses ist ebenfalls als Teil der Trainingsdaten vorgegeben. Es ergibt sich ein *Fehler* zwischen der Ausgabe des Modells und den vorgegebenen Klassenlabels. Dieser ist Grundlage für das *Lernverfahren* um das Modell anzupassen und so ein besseres Klassifikationsergebnis zu erzielen. Dies stellt den Kern des maschinellen Lernens *(Lerner)* dar: die stetige Verbesserung des Modells durch ein Lernverfahren aufgrund des auftretenden Lernfehlers. Das Modell „entsteht" am Ende nur durch die Vorgabe geeigneter Trainingsdaten (Daten als Eingabe und Klassenlabels als Sollausgabe). Abb. 2.6 dargestellte Klassifikation handgeschriebener Ziffern von 0–9 aus Pixelbildern. Die *Trainingsdaten* bestehen hier aus den Pixelbildern der Ziffern, diese sind Eingabedaten für das zu trainierende *Modell*. Zielgröße ist das *Klassenlabel* von „0" bis „9", dieses ist ebenfalls als Teil der Trainingsdaten vorgegeben. Es ergibt sich ein *Fehler* zwischen der Ausgabe des Modells und den vorgegebenen Klassenlabels. Dieser ist Grundlage für

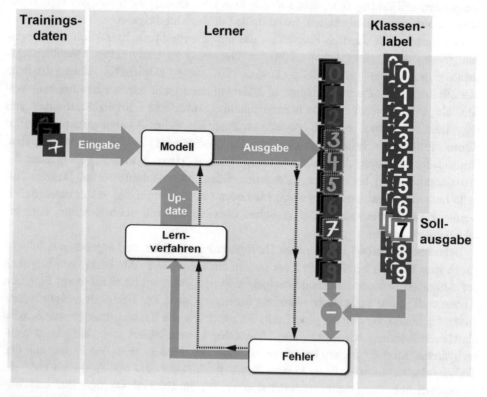

Abb. 2.6 Überwachte Musterklassifikation handgeschriebener Ziffern

das *Lernverfahren,* um das Modell anzupassen, und so ein besseres Klassifikationsergebnis zu erzielen. Dies stellt den Kern des maschinellen Lernens *(Lerner)* dar: die stetige Verbesserung des Modells durch ein Lernverfahren aufgrund des auftretenden Lernfehlers. Das Modell „entsteht" am Ende nur durch die Vorgabe geeigneter Trainingsdaten (Daten als Eingabe und Klassenlabels als Sollausgabe).

Beim **unüberwachten Lernen** stehen Daten ohne Sollausgaben zur Verfügung. Ziel ist es, versteckte Strukturen in den Daten aufzudecken. So werden beispielsweise bei einer *Clusteranalyse* Datenpunkte anhand ihrer Ähnlichkeit, welche mittels eines Distanzmaßes zwischen Datenpunkten formalisiert wird, gruppiert. Auf diese Weise können Strukturen (z. B. Cluster) in den Daten identifiziert und modelliert werden. Die *Dimensionsreduktion* ist eine hilfreiche Methode, um Daten aus einem hochdimensionalen Raum in einen Raum niedriger Dimension zu transformieren. Durch die Reduktion auf zwei oder drei Dimensionen lassen sich Datenmengen für den Menschen interpretierbar visualisieren; dies vereinfacht ein Verständnis über Verteilung und Zusammenhänge von Daten und wird daher in der Explorationsphase verwendet. Eine geeignete Dimensionsreduktion reduziert aber auch die Komplexität von Daten enorm und ist daher ein geeigneter Vorverarbeitungsschritt für ein überwachtes Lernverfahren. Die Komplexitätsreduktion ermöglicht die Anwendung eines einfacheren Modells für die Klassifikation oder Regression und führt so zu erfolgreicheren Lernvorgängen. Weiterhin werden Verfahren zur *Dichteschätzung* und *Datenkompression* den unüberwachten Lernverfahren zugeordnet.

Neben dem über- und unüberwachten Lernen gibt es noch weitere Paradigmen des maschinellen Lernens, wie beispielsweise das *verstärkende Lernen* (Sutton 1984), oder die Kombination von über- und unüberwachtem Lernen (Zhu 2005). Ein Überblick zum maschinellen Lernen (s. Abb. 2.7) findet sich in einem weiteren Band dieser Buchreihe (Buch Selbstoptimierung, „itsowl-SO").

Das im weiteren Text beschriebene Expertensystem kombiniert einen klassischen Ansatz auf Basis von Expertenwissen (Wenn-Dann-Regeln und funktionale Zusammenhänge) mit datengetriebenen Wissensrepräsentationen. Dieser Ansatz wird wegen der Notwendigkeit zur Interpretation komplexer Signale (insbesondere Körperschall in der beschriebenen Anwendung) gewählt, welche nur schwer in Form von durch Experten

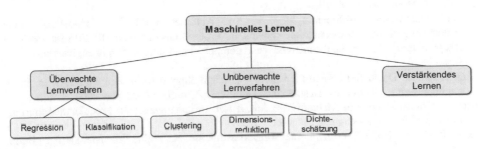

Abb. 2.7 Überblick verschiedener Arten maschineller Lernverfahren

formulierte Regeln herzustellen ist. Das maschinelle Lernen dient also vorrangig zur Entwicklung perzeptiver Komponenten für die Detektion von Prozesszuständen, welche dann mit Expertenregeln und Handlungsempfehlungen zur Entscheidungsunterstützung verknüpft werden.

Neben der Einbringung von Expertenwissen für die Generierung von Handlungsempfehlungen im laufenden Expertensystem wurde das Expertenwissen über die betrachteten Separationsprozesse auch für die Systementwicklung herangezogen. Die in diesem Buch beschriebene interdisziplinäre Entwicklungsmethodik spielt bei der Zusammenstellung des benötigten Expertenwissens eine zentrale Rolle. Mithilfe der entwickelten Methodik wird ein hybrider und durchgängiger Entwicklungsprozess für ein Expertensystem in der Separatorentechnik erreicht.

Literatur

Adelt P, Donoth J, Gausemeier J, Geisler J, Henkler S, Kahl S, Klöpper B, Krupp A, Münch E, Oberthür S, Paiz C, Porrmann M, Radkowski R, Romaus C, Schmidt A, Schulz B, Vöcking H, Witkowski U, Witting K, Znamenschykov O (2009) Selbstoptimierende Systeme des Maschinenbaus – Definitionen, Anwendungen, Konzepte. HNI-Verlagsschriftenreihe, Paderborn

Alexander C, Ishikawa S, Silverstein M, Jacobson M, Fiksdahl-King I, Angel A (1977) A pattern language. Oxford University Press, New York

Birkhofer H (1980) Analyse und Synthese der Funktionen technischer Produkte. VDI-Verlag, Düsseldorf

Bishop CM (2006) Pattern recognition and machine learning. Springer, New York

Blees C, Kipp T, Beckmann G, Krause D (2010) Development of modular product families: integration of design for variety and modularization NordDesign 2010. Göteborg, Sweden, 25–27 August 2010

Eppinger S, Whitney D, Smith R, Gebala D (1994) A model-based method for organizing tasks in product development. Res Des 6(1):1–13

Gausemeier J, Dumitrescu R, Steffen D, Tschirner C, Czaja A, Wiederkehr O (2013) Systems engineering in der industriellen Praxis. In: Gausemeier J, Dumitrescu R, Rammig F-J, Schäfer W, Trächtler A (Hrsg) 9. Paderborner Workshop Entwurf mechatronischer Systeme, Bd 310, HNI-Verlagsschriftenreihe, Paderborn

Giarratano J, Riley G (2004) Expert systems – principles and programming, 4. Aufl. PWS Publishing, Boston (Erstveröffentlichung 1998)

Kaiser L, Dumitrescu R, Holtmann J, Meyer M (2013) Automatic verification of modelling rules in systems engineering for mechatronic systems. In: Proceedings of the ASME 2013 International design engineering technical conferences and computers and information in engineering conference

Kipp T, Krause D (2008a) Design for variety – efficient support for design engineers. In: International design conference – Design 2008, Dubrovnik, Croatia, 19–22 May 2008

Kipp T, Krause D (2008b) Methodischer Ansatz der variantengerechten Produktstrukturierung. Berliner Kreis – Jahrestagung, München

Koller R, Kastrup N (1998) Prinziplösungen zur Konstruktion technischer Produkte. Springer, Berlin

Langlotz G (2000) Ein Beitrag zur Funktionsstrukturentwicklung innovativer Produkte. Shaker Verlag, Herzogenrath

Lindemann U, Maurer M (2006) Entwicklung- und Strukturplanung individualisierter Produkte. In: Lindemann U, Reichwald R, Zäh MF (Hrsg) Individualiserte Produkte: Komplexität beherrschen in Entwicklung und Produktion. Springer, Berlin, S 41–62

Meyer MH, Lehnerd AP (1997) The power of product plattforms: building value and cost leadership. Free Press, New York

Pahl G, Beitz W, Feldhusen J, Grote KH (2007) Engineering design. Springer, London

Pimmler P, Eppinger, S (1994) Integration analysis of product decompositions. In: Preceedings of ASME design theory and methodology conference

Puppe F (1991) Einführung in Expertensysteme. Springer, Berlin

Rapp T (2010) Produktstrukturierung: Komplexitätsmanagement durch modulare Produktstrukturen und -plattformen. ID Consult GmbH, München

Roth K (1994) Konstruieren mit Konstruktionskatalogen, Bd 2. Springer, Berlin

Schuh G (2005) Produktkomplexität managen – Strategien – Methoden – Tools. Hanser, München

Shu-Hsien L (2005) Expert system methodologies and applications – a decade review from 1995 to 2004. Expert Syst Appl 28(2005):93–103

Sutton RS (1984) Temporal credit assignment in reinforcement learning. Ph.D. thesis, University of Massachusetts, Amherst. AAI8410337

Ulrich K (1995) The role of product architecture in the manufacturing firm. MIT, Sloan School of Management, Cambridge

Verein Deutscher Ingenieure (VDI) (2004) Design methodology for mechatronic systems. VDI-guideline 2206. Beuth Verlag, Berlin

Zhu X (2005) Semi-supervised learning literature survey. Technical report 1530, Computer Sciences, University of Wisconsin-Madison

Dr.-Ing. Thorsten Westermann war Gruppenleiter am Fraunhofer-Institut für Entwurfstechnik Mechatronik IEM in Paderborn. In dem Bereich Produktentstehung von Prof. Dr.-Ing. Roman Dumitrescu leitete er eine Forschungsgruppe im Themenfeld Produkt-Service-Systeme. Der studierte Wirtschaftsingenieur promovierte auf dem Gebiet Systems Engineering für Intelligente Technische Systeme bei Prof. Dr.-Ing. Jürgen Gausemeier.

Dipl.-Ing Wilfried Mackel war Vice-President in der GEA Westfalia Separator Group GmbH und leitete den Konstruktions- und Entwicklungsbereich Customized Separation. Inhaltlicher Schwerpunkt war dabei die Entwicklung von Hochgeschwindigkeitszentrifugen, vornehmlich für die Food- und Pharma-Industrie. Sein Studium (Maschinenbau) absolvierte er an der Ruhr-Universität Bochum.

Dr.-Ing. Frank Taetz ist Direktor der GEA Group in der Produktgruppe Zentrifugen. In diesem Bereich verantwortet er die strategische Entwicklung von intelligenten technischen Systemen und Produkt-Service-Systemen. Der promovierte Verfahrensingenieur hat langjährige Erfahrung in der Prozesstechnik und umfangreiche Projekte zur Digitalisierung umgesetzt.

Entwicklung eines intelligenten Separators

André Lipsmeier, Thorsten Westermann, Sebastian von Enzberg und Felix Reinhart

Die Ergebnisse des Verbundprojekts „Separator i4.0" bilden ein Instrumentarium mit dessen Hilfe intelligente Komponenten interdisziplinär und unter Nutzung von formalisiertem Expertenwissen entwickelt und in bestehende Gesamtsysteme integriert werden können. Entsprechend der in Kap. 1 vorgestellten Projektstruktur gliedert sich das Kapitel in drei Abschnitte. Abschn. 3.1 beschreibt die zentralen Ergebnisse des Querschnittsprojekts 1 „Interdisziplinäre Entwicklungsmethodik". Die Abschn. 3.2 und 3.3 erläutern die Ergebnisse der Pilotprojekte 1 „Intelligente Sensorik" und 2 „Expertensystem".

3.1 Entwicklungsmethodik

Die Ergebnisse des Querschnittsprojekts 1 „Interdisziplinäre Entwicklungsmethodik" unterteilen sich in drei Teile. Abschn. 3.1.1 beschreibt zunächst die Art und Weise der Systemmodellierung. Anschließend werden in den Abschn. 3.1.2 und 3.1.3 die Ergebnisse der mechatronischen Modularisierung sowie der systemmodellbasierten Externalisierung von Expertenwissen vorgestellt.

A. Lipsmeier (✉) · T. Westermann · S. von Enzberg · F. Reinhart
Produktentstehung, Fraunhofer Institut für Entwurfstechnik Mechatronik
IEM, Paderborn, Deutschland
E-Mail: Andre.lipsmeier@iem.fraunhofer.de

S. von Enzberg
E-Mail: sebastian.enzberg@iem.fraunhofer.de

© Springer-Verlag GmbH Deutschland, ein Teil von Springer Nature 2019
R. Dumitrescu und M. Fleuter (Hrsg.), *Intelligenter Separator*, Intelligente
Technische Systeme – Lösungen aus dem Spitzencluster it's OWL,
https://doi.org/10.1007/978-3-662-58018-9_3

3.1.1 Interdisziplinäre Systemmodellierung

Komplexe multidisziplinäre Systeme erfordern eine systemische Betrachtung des Gesamtsystems. Sowohl in der Entwicklung als auch bei der Optimierung bestehender Anlagen ist diese Herangehensweise essenziell. Ziel der interdisziplinären Systemmodellierung im Verbundprojekt war daher eine modellbasierte Produkt- und Prozessbeschreibung, welche die Abbildung komplexer Prozessabläufe (z. T. mathematisch nicht beschreibbar) ins Zentrum rückt. Sie bildet damit die Basis von Änderungs- sowie Neuentwürfen und ist Grundlage zur Systemüberwachung und -optimierung. Das Systemmodell ermöglicht eine integrierte Abbildung physikalischer und softwarespezifischer Systemanteile, eine Darstellung verfahrenstechnischer Zusammenhänge sowie des von den Experten externalisierten Erfahrungswissens.

Zur Systemmodellierung wurde die Spezifikationstechnik CONSENS verwendet. CONSENS ermöglicht die fachdisziplinübergreifende Beschreibung der Prinziplösung mechatronischer Systeme. Die Prinziplösung legt den grundsätzlichen Aufbau und die Wirkungsweise des Systems fest (Gausemeier et al. 2012). Sie besteht aus sieben Partialmodellen und ist die Grundlage für die weitere Konkretisierung (s. Abb. 3.1).

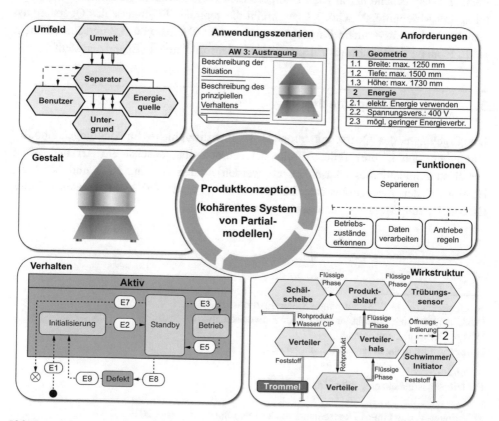

Abb. 3.1 Partialmodelle der Spezifikationstechnik CONSENS (Gausemeier et al. 2014)

Das Partialmodell **Umfeld** betrachtet das System als „Black Box" und beschreibt Elemente im Umfeld (z. B. Benutzer), die in Wechselwirkung mit dem System stehen. **Anwendungsszenarien** dienen zur Beschreibung einer situationsspezifischen Sicht auf das System und dessen Verhalten. In Form von Steckbriefen werden Betriebssituationen charakterisiert, für die das System auszulegen und zu spezifizieren ist. Das Partialmodell **Anforderungen** dokumentiert sämtliche Anforderungen an das zu entwickelnde System in einer Anforderungsliste. Eine hierarchische Aufgliederung der Funktionen des Systems nimmt das Partialmodell **Funktionen** vor. Hier werden übergeordnete Funktionen solange in Subfunktionen unterteilt, bis sich für diese Funktionen sinnvolle Lösungen finden lassen. Die **Wirkstruktur** dient zur Abbildung des grundsätzlichen Aufbaus sowie der prinzipiellen Wirkungsweise des Systems. Die zu berücksichtigenden Systemzustände und Zustandsübergänge sowie die zugehörigen Ablaufprozesse werden durch das Partialmodell **Verhalten** berücksichtigt. Das Partialmodell **Gestalt** enthält schließlich erste Angaben über Anzahl, Form, Lage sowie Anordnung und Art der Wirkflächen (Gausemeier et al. 2014). Die zueinander in Beziehung stehenden Partialmodelle ergeben ein kohärentes System, das die Prinziplösung des zu entwickelnden Systems darstellt und als Ausgangsbasis für den anschließenden fachdisziplinspezifischen Entwurf dient.

Auf Basis von CONSENS wurden im Rahmen des Verbundprojekts die zur vollständigen Beschreibung des Systems notwendigen Informationen identifiziert und in Form von Partialmodellen oder Attributen festgehalten. Der Fokus des Projekts lag dabei auf dem Partialmodell **Wirkstruktur,** mit dem die komplexen Wirkzusammenhänge eines Separators abgebildet werden konnten. Eine besondere Herausforderung dabei war die gleichwertige Darstellung von physikalischen und softwarespezifischen Systemelementen sowie die Abbildung verfahrenstechnischer Zusammenhänge. Da bestehende CONSENS-Konstrukte weder die explizite Beschreibung der Softwarearchitektur vorsehen, noch die Darstellung verfahrenstechnischer Zusammenhänge berücksichtigen, wurden im Rahmen des Projekts neue CONSENS-Konstrukte erstellt (s. Abb. 3.2).

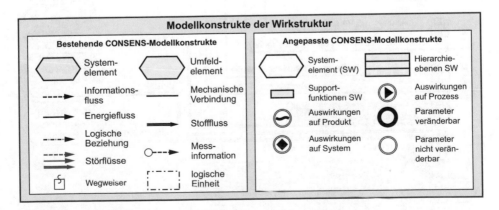

Abb. 3.2 Bestehende und angepasste Modellkonstrukte der Wirkstruktur

Zur Unterscheidung von Systemelementen der Hardware (z. B. mechanische Bauteile) und Systemelementen der Software (z. B. Funktionen in der Steuerung) wurden unterschiedliche Farben gewählt. So werden Hardware-behaftete Systemelemente in der Wirkstruktur blau markiert und Software-behaftete Systemelemente weiß gekennzeichnet. Zusätzlich dienen farblich markierte Flächen zur Darstellung von Hierarchieebenen in der Software. Dadurch können nun Unterschiede im Funktionsumfang der jeweiligen Softwareelemente dargestellt werden. Beispielsweise haben sog. Interface-Funktionen, die zur Wandlung von analogen in digitale Signale dienen, einen geringeren Funktionsumfang als Softwareelemente einer höheren Hierarchie (z. B. Ablaufprogramme). Abb. 3.3 zeigt exemplarisch den Ausschnitt einer

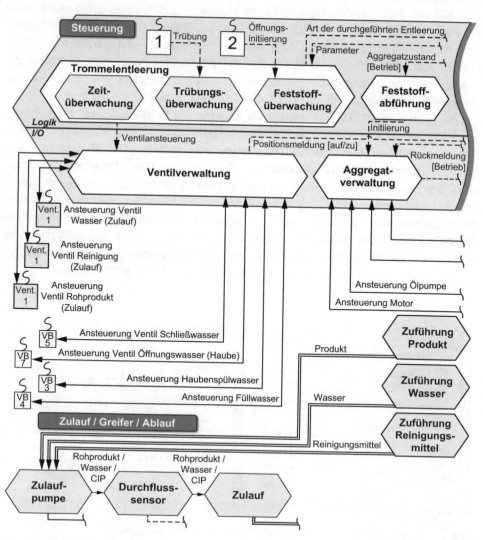

Abb. 3.3 Wirkstruktur eines Separators (Auszug)

Wirkstruktur des Separators. Im oberen Teil der Abbildung sind die Systemelemente der Software zu finden, während im unteren Teil die Systemelemente der Hardware abgebildet sind.

Zusätzlich zur verbesserten Abbildung von Hardware und Software wurden weitere CONSENS-Konstrukte neu entwickelt, die eine Beschreibung verfahrenstechnischer Zusammenhänge mithilfe der Wirkstruktur erlauben. Gemeint ist damit die Kennzeichnung all jener Systemelemente, die Auswirkungen auf den Separationsprozess, das zu separierende Produkt oder auf das System selbst haben. Dazu wurden zunächst drei verschiedene Klassen von verfahrenstechnischen Zusammenhängen gebildet. Die erste Klasse **„Prozess"** beschreibt Veränderungen des Separationsprozesses. Beispiele dieser Klasse sind eine Veränderung des Drucks, des Volumenstroms, des Lufteinschlags oder des Strömungsverhaltens. Die zweite Klasse **„Produkt"** beschreibt Veränderungen des separierten Produkts wie z. B. der Milch oder des Bieres. Beispiele für solche Auswirkungen sind Veränderungen der Konzentration oder der Viskosität. Die dritte Klasse **„Systeme"** charakterisiert Auswirkungen auf die Maschine selbst. Ein Beispiel dafür ist eine Adhäsion an Bauteiloberflächen. Mit Hilfe von unterschiedlichen Piktogrammen werden nun diejenigen Systemelemente gekennzeichnet, die potenziell verfahrenstechnische Auswirkungen auf den Prozess, das Produkt oder das System haben können. Wie Abb. 3.4 zeigt, haben die Systemelemente „Zulauf" und „Verteiler" potenzielle verfahrenstechnische Auswirkungen aus drei Klassen. So kann eine Geometrieveränderung des „Verteilers" Einflüsse auf die Produktscherung sowie den Durchfluss haben und zu Adhäsion führen. Diese Einflüsse werden vordergründig durch konstruktive Veränderungen des Bauteils herbeigeführt. Anders ist es bei Systemelementen, deren Parameter während des Betriebs verändert werden können. Ein Beispiel dafür ist ein Ventil, das während des Betriebs geöffnet oder geschlossen werden kann. Solche veränderbaren Systemelemente werden zusätzlich gekennzeichnet (s. Legende in Abb. 3.4). Die ergänzenden Modellkonstrukte der Wirkstruktur ermöglichen nun eine interdisziplinäre Darstellung der komplexen Wirkzusammenhänge eines Separators.

3.1.2 Mechatronische Modularisierung

Die Komplexität von multidisziplinären Systemen wie bspw. Separatoren nimmt stetig zu. Als Ursachen hierfür sind sowohl anspruchsvollere Kundenanforderungen als auch die technologische Weiterentwicklung und Durchdringung von Informations- und Kommunikationstechnologien zu nennen. Die Bewältigung von Komplexität wird somit eine essenzielle und entscheidende Querschnittsaufgabe entlang des gesamten Produktlebenszyklus multidisziplinärer Systeme – von der Anforderungserhebung bis zum Produktrecycling. Um dieser Herausforderung zu begegnen, gilt es modularen sowie funktionsorientierten Produktarchitekturen eine besondere Relevanz beizumessen. Eine etablierte Methode zur Gestaltung modularer Produktarchitekturen ist die Modularisierung. Mithilfe der Modularisierung erfolgt eine Gliederung eines Produktes bzw.

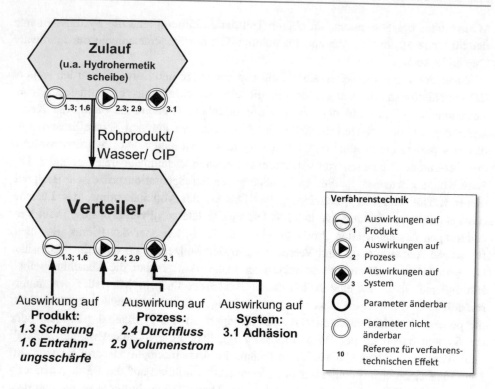

Abb. 3.4 Abbildung verfahrenstechnischer Zusammenhänge in der Wirkstruktur

Systems in mehrere Elemente (Module) mit geringen Interdependenzen (Schuh 2005). Bestehende Ansätze der Modularisierung greifen jedoch im Kontext der Entwicklung von multidisziplinären Systemen häufig zu kurz.

Vor diesem Hintergrund wurden in QP1.2 neuartige Handlungsanweisungen zur Hierarchisierung, Dekomposition bzw. Modularisierung[1] komplexer, multidisziplinärer Produkte entwickelt. Fachdisziplinspezifische Ansätze zur Modularisierung (wie z. B. ein mechanischer Baukasten) und weitere Herangehensweisen sollten dabei nicht ersetzt werden, sondern mit ihnen koexistieren. Übergeordnetes Ziel war die Entwicklung geeigneter Modularisierungsansätze zur Verbesserung der applikationsspezifischen Entwicklung von mechatronischen Systemen. Alle an der Entwicklung beteiligten Fachdisziplinen sollen bei der Definition wiederverwendbarer mechatronischer (Teil-) Lösungen unterstützt werden. Hierzu wurde ein Vorgehensmodell zur mechatronischen Modularisierung entwickelt

---

[1]Schuh definiert Modularisierung als eine geeignete Gliederung eines Produkts durch die Verringerung von Abhängigkeiten zwischen einzelnen Modulen (Schuh 2005).

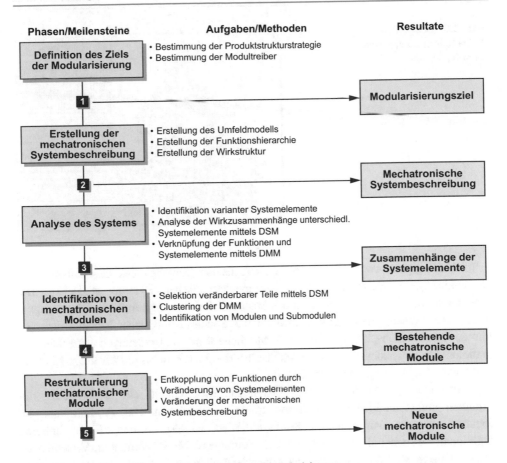

Abb. 3.5 Vorgehensmodell zur mechatronischen Modularisierung

(s. Abb. 3.5), durch dessen Anwendung mechatronische Systeme in mechatronische Funktionsmodule unterteilt werden. Die Anwendung erstreckt sich über fünf aufeinander aufbauende Phasen von der Zieldefinition bis hin zur Komposition mechatronischer Module. Etablierte Methoden zur Modularisierung werden dabei mit Ansätzen des Systems Engineerings verzahnt, um eine interdisziplinäre Entwicklung sicherzustellen.

Phase 1 – Definition des Ziels der Modularisierung: Gegenstand der ersten Phase ist die Bestimmung des Ziels und des angestrebten Nutzens der Modularisierung. Beispielhafte Modularisierungsziele sind die Verbesserung der Montierbarkeit des Produkts oder die Verbesserung von Produktfunktionalitäten. Hierzu sind insbesondere strategische Vorgaben der Geschäfts- und Substrategien des Unternehmens zu berücksichtigen. Es gilt zu erschließen, welchen Beitrag die Modularisierung zur Erfüllung einzelner strategischer Vorgaben leisten kann. Abb. 3.6 gibt einen Überblick über exemplarische Ziele einer Modularisierung.

Abb. 3.6 Beispielhafte
Ziele einer mechatronischen
Modularisierung

In Abhängigkeit von den jeweiligen strategischen Vorgaben des Geschäftsfelds ist die zukünftige Modularisierungsform des mechatronischen Systems abzuleiten. Die Modularisierungsform wird dabei über den Standardisierungs- bzw. Individualisierungsgrad determiniert. Einen Orientierungsrahmen für das Spektrum möglicher Modularisierungsformen liefert Schuh (2005) (s. Abb. 3.7). Mögliche Produktausprägungen erstrecken sich in diesem Ordnungsrahmen von einer standardisierten Plattform bis hin zur freien Konfiguration von Modulen (vgl. 5) (Schuh 2005).

Plattformen mit Modul-Varianten bieten die Möglichkeit, ein Basisprodukt mit Modulen unterschiedlicher Leistungsmerkmale zu bestücken. Das Produkt kann im Rahmen weniger, vorgegebener Konfigurationen variiert werden. Einen höheren Individualisierungsgrad ermöglichen Basis-Module mit Modul-Varianten. Verschiedene standardisierte Module lassen die Anpassung der Leistungsmerkmale des Basisprodukts zu. Demgegenüber verzichtet die generische Modularisierung gänzlich auf ein Basisprodukt; das Produkt kann innerhalb einer Auswahl an Modulen frei konfiguriert werden. Den höchsten Produkt-Individualisierungsgrad erlaubt die freie Modularisierung. Zusätzlich zu einem Modul-Baukasten wird die Nutzung kundenindividueller Module zur Produktkonfiguration ermöglicht (Schuh 2005).

Anwendung im Projektkontext: Ziel der mechatronischen Modularisierung im Innovationsprojekt war die Verbesserung der Auftragsabwicklung im Rahmen des Engineerings. Somit wird der strategischen Vorgabe des übergeordneten Geschäftsfelds Rechnung getragen, die Aufwendungen für die Abwicklung kundenindividueller Aufträge zu reduzieren. Erforderliche Aufwendungen zur Entwicklung applikations- und kundenspezifischer Separatoren sollen durch die Wiederverwendung mechatronischer Funktionsmodule in verschiedenen Anwendungen reduziert werden. Zur Konkretisierung dieser Zielsetzung wurden Basis-Module (Modul-Plattformen) mit Modul-Varianten als geeignete Modularisierungsform gewählt.

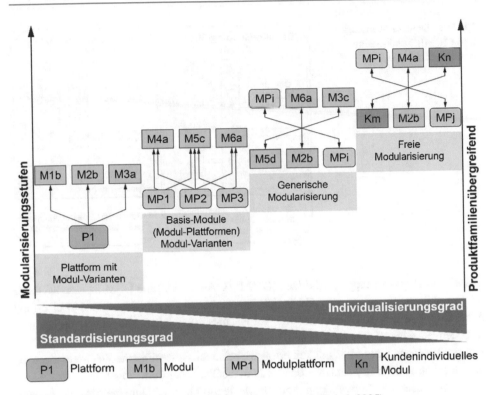

Abb. 3.7 Spektrum möglicher Modularisierungsformen. nach (Schuh 2005)

Phase 2 – Erstellung der mechatronischen Systembeschreibung: Übergeordnetes Ziel der zweiten Phase ist die in Abschn. 3.1.1 beschriebene modellbasierte Abbildung von wechselseitigen Abhängigkeiten zwischen einzelnen Systemelementen sowie der Funktionen des mechatronischen Systems. Die Modellierung der mechatronischen Systembeschreibung erfolgt mit der zuvor beschrieben Spezifikationstechnik CONSENS (Abschn. 3.1.1).

Anwendung im Projektkontext: Zentrale Partialmodelle für die Modularisierung sind die Wirkstruktur zur Abbildung aller Systemelemente und deren Wechselwirkungen sowie die Funktionshierarchie zur hierarchischen Aufgliederung der einzelnen Funktionen des Systems.

Phase 3 – Analyse des Systems: Die Analyse des mechatronischen Systems ist Aufgabe der dritten Phase. Auf Basis der zuvor erstellen Wirkstruktur und der Funktionshierarchie sind in dieser Phase systeminterne Abhängigkeiten von einzelnen Systemelementen sowie bestehende Varianten zu identifizieren. Ein geeigneter Ansatz zur Identifikation von internen Abhängigkeiten eines mechatronischen Systems sind sog. Design-Structure-Matrizen

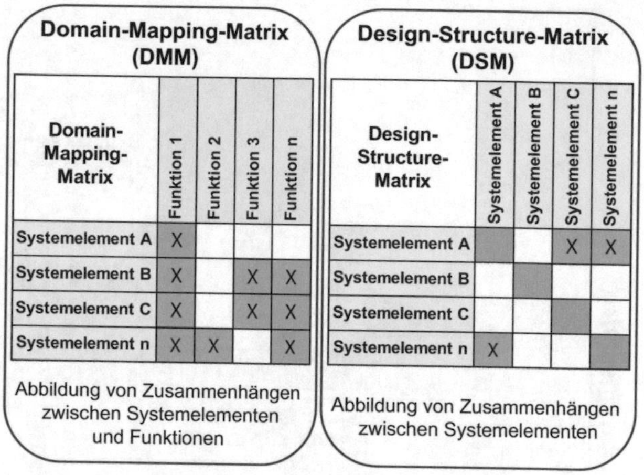

Abb. 3.8 Domain-Mapping-Matrix (DMM) und Design-Structure-Matrix (DSM)

Domain-Mapping-Matrix (DMM)	Funktion 1	Funktion 2	Funktion 3	Funktion n
Systemelement A	X			
Systemelement B	X		X	X
Systemelement C	X		X	X
Systemelement n	X	X		X

Abbildung von Zusammenhängen zwischen Systemelementen und Funktionen

Design-Structure-Matrix (DSM)	Systemelement A	Systemelement B	Systemelement C	Systemelement n
Systemelement A			X	X
Systemelement B				
Systemelement C				
Systemelement n	X			

Abbildung von Zusammenhängen zwischen Systemelementen

(DSM) und Domain-Mapping-Matrizen (DMM) (s. Abb. 3.8). Eine DSM ist eine Methode zur paarweisen Bewertung der Abhängigkeiten einzelner Systemelemente. Dabei erfolgt eine rein binäre Bewertung, mit der eine vorhandene bzw. nicht vorhandene Abhängigkeit zwischen einzelnen Systemelementen beschrieben wird. Eine Bewertung des Ausmaßes bzw. der Relevanz einer Abhängigkeit erfolgt dabei nicht. Systeminterne Wechselwirkungen eines mechatronischen Systems werden somit in tabellarischer Form abgebildet.

Während bei der Verwendung von DSMs lediglich eine Domäne (bspw. Systemelemente) betrachtet wird, ermöglichen DMMs eine Gegenüberstellung verschiedener Domänen (bspw. Systemelemente und Funktionen) (Lindemann et al. 2009). In dem Kontext der mechatronischen Modularisierung wird die DMM zur Identifikation von Abhängigkeiten zwischen Funktionen und Systemelementen eines mechatronischen Systems verwendet. Die zu betrachtenden Funktionen des mechatronischen Systems werden dabei aus der erstellten Funktionshierarchie (Phase 2) entnommen. Hierzu sind die Teilfunktionen der untersten Ebene der Funktionshierarchie zu verwenden. Unabhängig von der Matrizenausprägung erfolgt die Analyse der Abhängigkeiten zeilenweise (Maurer 2007). Zur Identifikation varianter Systemelemente ist eine Varianzmatrix aufzubauen. Diese stellt vorhandene Systemelemente (Zeilen) mit den möglichen Applikationen des mechatronischen Systems bzw. mit möglichen Varianten (Spalten) in tabellarischer Form gegenüber. Applikationsabhängige sowie variierbare Systemelemente des mechatronischen Systems können durch diese Gegenüberstellung identifiziert und dokumentiert werden. Darüber hinaus gilt es zu beurteilen, welche Systemelemente als elementar, d. h. nicht veränderbar, gelten. Ein Beispiel für ein elementares Systemelement beim Separator ist die Trommel. Applikationsabhängige bzw. variierbare Systemelemente sind in der Wirkstruktur durch geeignete Notationen zu kennzeichnen.

Anwendung im Projektkontext: Im Rahmen der Analyse der DSMs und DMMs wurde festgestellt, dass aufgrund der integralen Bauweise des Separators starke wechselseitige

Abhängigkeiten zwischen einzelnen Systemelementen und verschiedenen Funktionen bestehen (schematisch dargestellt in Abb. 3.9). Gleichwohl wurden wiederkehrende Abhängigkeiten zwischen Systemelementen der Software und unterschiedlichen elektrischen sowie mechanischen Systemelementen des Separators identifiziert. So können beispielsweise alle Ventile des Separators mit einheitlichen Softwarebausteinen angesteuert werden. Diesen wiederkehrenden Abhängigkeiten wurde in den weiteren Phasen des Vorgehensmodells eine besondere Relevanz beigemessen, um die Potenziale einer mechatronischen Modularisierung durch eine Mehrfachverwendung mechatronischer Funktionsmodule zu erschließen. Aus der erstellten Varianzmatrix konnten elementare Systemelemente des Separators identifiziert werden. So sind bspw. das Separatorengestell, die Haube oder das Tellerpaket als elementare Systemelemente zu verstehen, deren Veränderung wesentliche Beeinflussungen der Separationsleistung und -qualität implizieren würde. Darüber hinaus ist der gegenwärtige Entwicklungsstand der als elementar identifizierten Systemelemente über die vergangenen Entwicklungszyklen kontinuierlich verfeinert worden. Veränderungen an diesen Systemelementen würden hohe Aufwendungen zur Untersuchung potenzieller Auswirkungen verursachen. Dokumentiert wurden die als elementar identifizierten Systemelemente in der erstellten Wirkstruktur mittels grafischer Notation. So ermöglicht die weiterführende Nutzung der angereicherten Wirkstruktur im Rahmen der Produktentwicklung eine schnelle und einfache Entscheidungsfindung bzgl. konstruktiver Veränderungen am Separator.

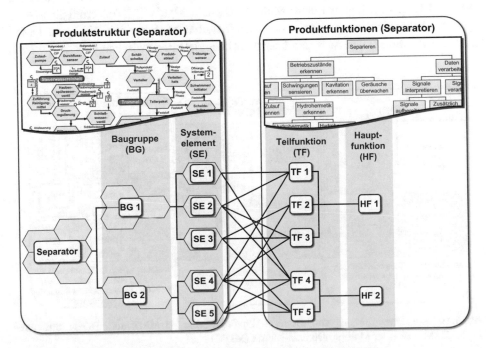

Abb. 3.9 Schematische Darstellung der mechatronischen Systembeschreibung

Phase 4 – Identifikation von bestehenden mechatronischen Funktionsmodulen: Im Fokus der vierten Phase steht die Identifikation bestehender mechatronischer Funktions-module. Dazu werden die zuvor ausgearbeiteten Matrizen (DSM&DMM) geclustert. Clustern meint die Identifikation von Modulen, deren enthaltene Systemelemente bzw. Funktionen untereinander in starker Wechselwirkung stehen, außerhalb der Modul-zuordnung jedoch keine oder lediglich geringe Abhängigkeiten besitzen. Diese Wechsel-wirkungen repräsentieren die konstruktiven bzw. funktionalen Abhängigkeiten zwischen einzelnen Systemelementen sowie zwischen Systemelementen und Funktionen. Für das Clustern einer DSM existieren in der Literatur zahlreiche Ansätze und Vorgehensweisen. Neben rein empirischen Ansätzen können grafische sowie mathematische Modelle und Methoden angewendet werden. Auf die einzelnen Ansätze wird an dieser Stelle nicht dediziert eingegangen, dazu sei auf die wissenschaftliche Literatur verwiesen (bspw. Maurer 2007). Das Resultat der DSM-Clusterung ist die Unterteilung des mechatroni-schen Gesamtsystems in Module, bestehend aus Systemelementen der Hard- und Soft-ware. Neben der DSM gilt es auch die DMM zu clustern. Da die zuvor erstelle DMM Abhängigkeiten zwischen Funktionen und Systemelementen eines mechatronischen Systems repräsentiert, wird durch das Clustern ersichtlich, welche Bündel an System-elementen gemeinsam zu unterschiedlichen Funktionen beitragen. Diesem Verständ-nis folgend werden durch das Clustern der DMM funktionsabhängige Module von Systemelementen identifiziert. Durchgeführt wird das Clustern der DMM mittels Zei-len- und Spaltenverschiebung. Eine anschließende Zusammenführung der geclusterten DSM und DMM im Rahmen einer Multiple Domain Matrix (MDM) ermöglicht Aus-sagen zu Abhängigkeiten zwischen den identifizierten Modulen der DSM und DMM (s. Abb. 3.10). So können Aussagen über die Abhängigkeiten zwischen konstruktiv bzw.

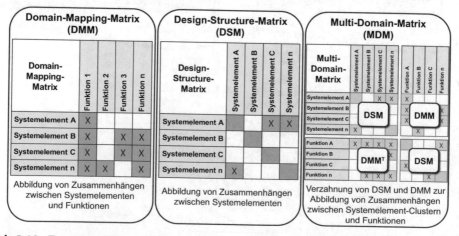

Abb. 3.10 Zusammenführung von Domain-Mapping-Matrix (DMM) und Design-Structure-Matrix (DSM) zur einer Multiple-Domain-Matrix (MDM)

technisch bedingten Modulen (DSM) und funktional abhängigen Modulen (DMM) getroffen werden. Bestehende mechatronische Funktionsmodule sind demnach durch hohe interne Wechselwirkungen und einer oder mehrerer zugehöriger Funktionen gekennzeichnet. Zu diesem Zeitpunkt stehen diese jedoch häufig in Wechselwirkung zu anderen mechatronischen Funktionsmodulen, sodass eine losgelöste Betrachtung bzw. Wiederverwendung noch nicht erfolgen kann. Analog zu den als elementar identifizierten Systemelementen ist die Modulzuordnung der einzelnen Systemelemente in der Wirkstruktur grafisch zu kennzeichnen.

Anwendung im Projektkontext: Zur Identifikation bestehender mechatronischer Module des Separators wurden sowohl die DSM als auch die DMM geclustert. Eine anschließende Zusammenführung beider Matrizen in eine MDM ermöglichte eine Analyse der Vernetzung von konstruktiv bzw. technisch und funktional bedingten Modulen von Systemelementen. Dementsprechend wurden mechatronische Module bestehend aus Hard- und Softwareelementen zu Funktionen zugeordnet. Beispielhaft zu nennen ist das Modul der Zulaufregelung. Die Ausübung der Funktion „Zulauf regeln" des Separators erfolgt durch fünf unterschiedliche Hardwareelemente und drei Softwarefunktionen der PLC. Selbstredend bestehen insbesondere bei den Hardwareelementen weitere Abhängigkeiten zur anderen mechatronischen Modulen. Um das mechatronische Funktionsmodul der Zulaufregelung eigenständig nutzen zu können, müssen die bislang existierenden Schnittstellen zu weiteren mechatronischen Modulen modular gestaltet sein. Dies erfolgt in der nachfolgenden fünften Phase.

Phase 5 – Generierung von neuen mechatronischen Funktionsmodulen: In der letzten Phase des Vorgehensmodells wird die Neustrukturierung von mechatronischen Funktionsmodulen adressiert. Ziel dieser Phase ist die Reduktion bzw. Gestaltung von Abhängigkeiten zwischen einzelnen mechatronischen Funktionsmodulen, um diese jeweils eigenständig nutzen zu können. Dazu gilt es zunächst jedes identifizierte mechatronische Funktionsmodul unter Zuhilfenahme der Wirkstruktur und weiterer erforderlichen Entwicklungsdokumenten (bspw. Anforderungsliste) auf Realisierbarkeit zu überprüfen. Im Mittelpunkt der Überprüfung stehen insbesondere die Schnittstellen zwischen den einzelnen mechatronischen Funktionsmodulen. Diese sind hinsichtlich des Anpassungs- bzw. Veränderungsbedarfs zu analysieren. Im Falle einer erforderlichen Anpassung gilt es zu entscheiden, welche Schnittstellen aus funktionaler und technischer Perspektive verändert werden können, um die Modularität der mechatronischen Funktionsmodule zu gewährleisten. Weiterhin gilt es fallspezifisch zu entscheiden, ob bestehende Abhängigkeiten durch eine Integration neuer Systemelemente verringert werden können. Zur Unterstützung der Entscheidungsfindung kann hierzu auf die erstellte Varianz-Matrix (Phase 3) bzw. die Wirkstruktur zurückgegriffen werden. Diese repräsentieren die Möglichkeiten zur Anpassung einzelner Systemelemente im Kontext des Gesamtsystems. Des Weiteren

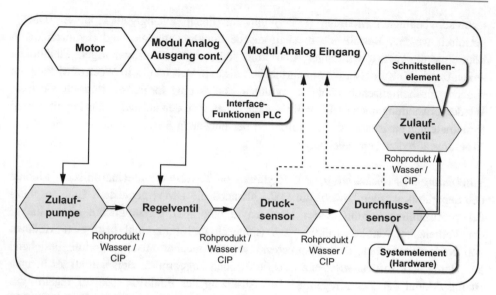

Abb. 3.11 Systemelemente des mechatronischen Moduls „Zulaufregelung"

gilt es Abzuschätzen, welche Auswirkungen mit der Anpassung der Schnittstellenelemente einhergehen.

Anwendung im Projektkontext: Zur Generierung von neuen mechatronischen
Funktionsmodulen des Separators wurden die bestehenden Abhängigkeiten zwischen
den identifizierten Modulen näher untersucht. So wurde bspw. das Schnittstellen-
element „Zulaufventil" des mechatronischen Funktionsmoduls „Zulaufregelung" in
einer Konzeptstudie konstruktiv verändert, damit dieses modular und applikations-
übergreifend wiederverwendbar ist. Weiterhin wurden Konzepte ausgearbeitet, wie die
zugehörigen Softwareelemente passend zugeordnet werden können. Hierbei wurde der
Fokus auf die Anpassung der einzelnen PLC-Funktionen gelegt. Die mechatronischen
Funktionsmodule, respektive deren Systemelemente, wurden in der Wirkstruktur über
eine grafische Notation gekennzeichnet. Dabei wurden die Schnittstellenelemente
gesondert hervorgehoben, da diese eine besondere Relevanz bei der modularen
Gestaltung des Systems haben. Die Systemelemente des Moduls „Zulaufregelung" zeigt
Abb. 3.11.

3.1.3 Systemmodellbasierte Externalisierung von Expertenwissen

Die interdisziplinäre Entwicklung erfordert eine Externalisierung und Abstraktion von
disziplinspezifischen Expertenwissen. Das Domänenwissen tritt zugunsten gemeinsam
abgestimmter und allgemein verständlicher Schnittstellen in den Hintergrund. Dies vereinfacht die Verständigung und somit die disziplinübergreifende Zusammenarbeit. Das

Expertenwissen muss dabei dennoch berücksichtigt werden und daher durch geeignete Formalisierung externalisiert werden. Ziel der Externalisierung ist also die generische Abbildung systemischer Zusammenhänge über die Entwicklung komplexer Produkte hinweg. Dies umfasst die integrierte Abbildung von Hard- und Software sowie zugehöriges Erfahrungswissen über das Zusammenspiel physikalischer und softwarespezifischer Systemanteile.

Die vorangegangene Modellierung des Separators mittels CONSENS stellt bereits eine Formalisierung von Expertenwissen über Separatoren dar. Das Systemmodell und insbesondere die Wirkstruktur wird daher als Basis für die Entwicklung des Expertensystems genutzt. Ausgehend von der mechatronischen Systembeschreibung wurden wichtige verfahrenstechnische Größen identifiziert, die für den Betrieb eines Separators relevant sind. Die Zusammenhänge zwischen verfahrenstechnischer Größen und dem abstrakten Systemmodell werden in einer Auswirkungsmatrix zusammengefasst. In einem weiteren Schritt wurden mögliche auftretende Fehlzustände detailliert analysiert. Dazu wurden die Werkzeuge „Fehlermöglichkeits- und Einflussanalyse" (FMEA) und „Fehlerbaumanalyse" (FTA) verwendet. Dies gibt einen Überblick typischer Fehlzustände des Systems, Gründe und Auswirkungen sowie Zusammenhänge zwischen verschiedenen Fehlerzuständen. Zuletzt wurde die FTA und FMEA um mögliche Vermeidungsmaßnahmen angereichert.

Es wurde ein vierphasiges Vorgehensmodell entwickelt (s. Zusammenfassung in Abb. 3.12), das die Externalisierung von Expertenwissen und die systematische Abbildung komplexer verfahrenstechnischer Zusammenhänge ermöglicht. Die Inhalte wurden in enger Kooperation mit dem CQP Systems Engineering erarbeitet. Insbesondere geeignete Darstellungsvorschriften, die alle erforderlichen Aspekte der System-, Prozess-, und Wissensbeschreibung vereinen, formalisiert beschreiben und so die Grundlage für eine rechnerinterne Auswertung bilden, wurden erarbeitet. Das Vorgehen zu Externalisierung von Expertenwissen und systematischen Abbildung komplexer verfahrenstechnischer Zusammenhänge wird im Folgenden näher ausgeführt.

Phase 1 – Erstellung der mechatronischen Systembeschreibung: Ausgangspunkt für die Abbildung komplexer verfahrenstechnischer Zusammenhänge ist die mechatronische Systembeschreibung des mechatronischen Systems. Diese dient als Grundlage zur disziplinübergreifenden Kommunikation und Kooperation entlang des gesamten Vorgehens. Im Fokus stehen dabei die beiden Partialmodelle Umfeldmodell und Wirkstruktur, die alle relevanten System- und Umfeldelemente des Separators abbilden. Zur expliziten Darstellung der verfahrenstechnischen Zusammenhänge werden die in Abschn. 3.1.1 vorgestellten CONSENS-Konstrukte verwendet. Nach der initialen Erstellung der mechatronischen Systembeschreibung in Phase 1 wird diese entlang der weiteren Phasen kontinuierlich ergänzt.

Phase 2 – Identifikation von verfahrenstechnisch relevanten Systemelementen: Mithilfe der mechatronischen Systembeschreibung gilt es potenzielle Wechselwirkungen

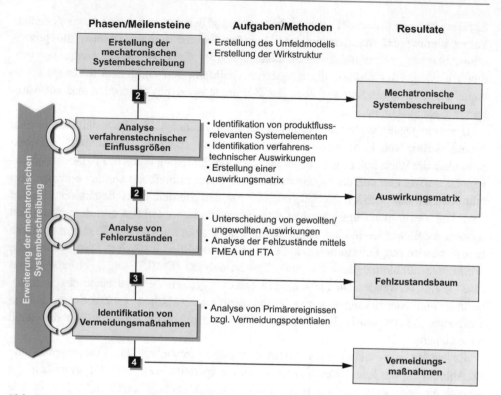

Abb. 3.12 Vorgehen zur Entwicklung eines Expertensystems

zwischen den Systemelementen des Analyseobjekts (Separator) und dem verfahrens-technischen Prozess bzw. dem Produkt (Milch) zu identifizieren. Dazu sind alle System-elemente zu identifizieren, die einen direkten Einfluss auf den Produktfluss haben. Dies sind in der Regel die Systemelemente, die in einem direkten Kontakt mit dem Produkt stehen. Nach der Identifikation aller produktflussrelevanten Systemelemente, gilt es mögliche verfahrenstechnische Auswirkungen zu ermitteln. Im Vordergrund stehen dabei drei übergeordneten Auswirkungsklassen Produkt, Prozess und System. Doku-mentiert werden die identifizierten Auswirkungen zunächst in Form einer tabellarischen Gegenüberstellung von produktflussrelevanten Systemelementen (Zeilen) mit potenziel-len verfahrenstechnischen Auswirkungen (Spalten), wie in Abb. 3.13 dargestellt. In der mechatronischen Systembeschreibung werden die Auswirkungen mittels Piktogrammen zu den jeweiligen Systemelementen zugeordnet (Abschn. 3.1.1). Aus Gründen der Über-sichtlichkeit erfolgt im Rahmen der grafischen Notationen lediglich eine Zuordnung der übergeordneten Auswirkungskategorien zu den einzelnen Systemelementen. Eine zusätzliche Nummerierung einzelner Auswirkungen dient als Verweis auf die tabellari-sche Gegenüberstellung. Ob das produktflussrelevante Systemelement durch einstellbare

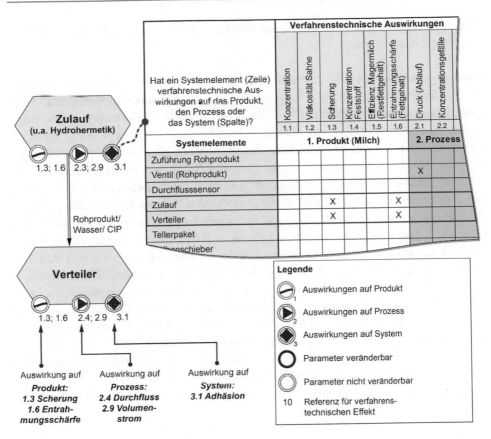

Abb. 3.13 Darstellung von Zusammenhängen zwischen Systemelementen und verfahrenstechnischer Auswirkungen in einer Auswirkungsmatrix

Parameter angepasst werden kann, wird durch eine farbliche Kennung der grafischen Notation angegeben.

Anwendung im Projektkontext: Als verfahrenstechnische Auswirkungen des Verteilers auf die Milch (Kategorie 1) sind sowohl die Scherung als auch die Entrahmungsschärfe identifiziert worden. Von wesentlicher Bedeutung sind diese Informationen bspw. für die Produktentwicklung sowie für die Inbetriebnahme und den Betrieb des Separators. Im Kontext der Produktentwicklung können unter Zuhilfenahme dieser Informationen verfahrenstechnische Auswirkungen von konstruktiven Änderungen einzelner Systemelemente abgeschätzt werden. Weiterhin kann eine Veränderung der Entrahmungsschärfe der Milch während der Inbetriebnahme bzw. des Betriebs eines Separators u. a. auf den Verteiler zurückgeführt werden. Ferner lässt sich aus der farblichen Kennung der grafischen Notation ableiten, dass der Verteiler hinsichtlich seiner Funktionen bzw. Parameter nicht einstellbar ist.

Phase 3 – Analyse von Fehlzuständen: Zur Analyse von Fehlzuständen eines mechatronischen Systems erfolgt die Erstellung eines Fehlzustandsbaums. Ein Fehlzustandsbaum stellt eine grafische Repräsentation von möglichen kausalen Abläufen dar, die zu einem Fehler oder einem Ereignis (bspw. System-Versagen) führen (Edler et al. 2015). So ist die Erstellung von Fehlzustandsbäumen eine adäquate Methode zur Externalisierung und regelbasierten Abbildung von Expertenwissen. An dieser Stelle lässt sich die Verzahnung des Vorgehensmodells mit dem Expertensystem (Abschn. 3.3) verdeutlichen. Zur Entwicklung von Fehlzustandsbäumen wird eine Fehlerzustandsbaum-Analyse durchgeführt. Im Fokus der Fehlzustandsbaum-Analyse steht die systematische Bestimmung und Hierarchisierung von Ursachen (Zwischenereignisse) für einen Fehler (Hauptereignis). Dafür werden zunächst Ursachen identifiziert, die in einem direkten Zusammenhang mit dem betrachteten Fehler stehen (Ursachen erster Ebene). Anschließend werden diese hinsichtlich bestehender Wechselwirkungen logisch miteinander verknüpft. Die logischen Verknüpfungen basieren dabei auf einer booleschen Logik[2]. Nach erfolgter Identifikation und Verknüpfung von Ursachen der ersten Ebene gilt es deren untergeordnete Ursachen auf zweiter Ebene zu ermitteln. Diese werden analog zu den Ursachen erster Ebene logisch miteinander verknüpft. Nach diesem Vorgehen werden die Ursachen für einen betrachteten Fehler so weit unterteilt, bis Primär-Ereignisse identifiziert werden. Primär-Ereignisse repräsentieren die Ursachen eines betrachteten Fehlers auf unterster Ebene und sind nicht weiter unterteilbar (DIN25424).

Anwendung im Projektkontext: Für den Separator wurde der Fehler „Schlechte Produktqualität" als übergeordneter Fehler (Hauptereignis) in der Milchverarbeitung identifiziert (s. Abb. 3.14). Als direkte Ursachen auf erster Ebene wurden zunächst „Schlechte Magermilchqualität" und „Schlechte Sahnequalität" ermittelt. Da diese Ursachen sowohl gemeinsam als auch getrennt voneinander eintreten können, wurde eine ODER-Verknüpfung zur Abbildung des Zusammenhangs beider Ursachen gewählt. Ursachen einer schlechten Magermilchqualität können u. a. eine „Mangelhafte Abscheidung von Nicht-Milch-Bestandteilen" oder auch eine „Mangelhafte Entrahmungsschärfe" sein (Ursachen zweiter Ebene). Zu den Ursachen zweiter Ebene wurden wiederum weitere Ursachen auf untergeordneten Ebenen identifiziert sowie miteinander verknüpft. Als zugehörige Primärereignisse wurden u. a. „Steuerwasserdruck zu gering" oder „Anzahl der Entleerungen zu gering" ermittelt.

---

[2]Beispiel hierfür ist das AND-Gatter. Beide Ursachen müssen „wahr" sein bzw. eintreffen, damit die übergeordnete Ursache bzw. das System-Versagen eintritt.

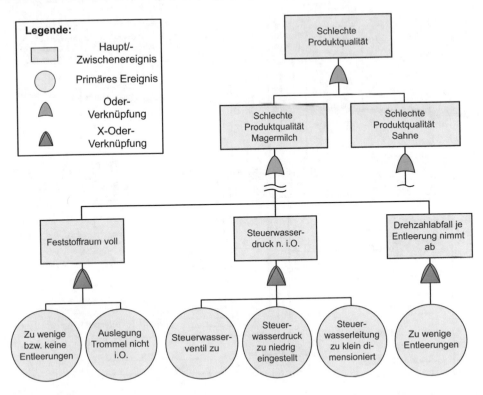

Abb. 3.14 Analyse mittels Fehlzustandsbaum

Phase 4 – Identifikation von Vermeidungsmaßnahmen: Das Vorgehensmodell zur Abbildung komplexer verfahrenstechnischer Zusammenhänge schließt mit der Identifikation und Zuordnung von Vermeidungsmaßnahmen zu den einzelnen Primärereignissen. Unter Zuhilfenahme der mechatronischen Systembeschreibung gilt es konkrete Maßnahmen zu definieren, anhand derer die Primärereignisse vermieden bzw. behoben werden können.

Anwendung im Projektkontext: Um die Primärereignisse des Fehlers „Schlechte Produktqualität" bei der Milchverarbeitung mittels Separator zu vermeiden, wurden bspw. Reinigungen oder eine Erhöhung der Entleerungsmenge als geeignete Maßnahmen identifiziert und zugeordnet.

3.2 Intelligente Sensorik für Separatoren

Ein Teilziel des Verbundprojekts ist die Entwicklung einer Sensorik, die Aussagen über die Zustände am Übergang vom Zuführungsrohr und Verteiler im Zentrum eines Separators zulässt. Im Betrieb sind alle Parameter des Separators idealerweise so

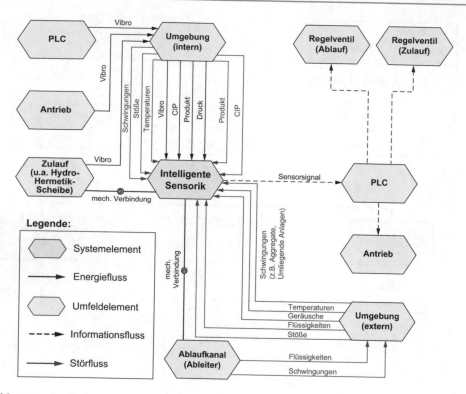

Abb. 3.15 Umfeldmodell der Sensorik

einzustellen, dass ein gewisser Flüssigkeitsspiegel im Verteiler vorhanden ist und das Rohprodukt kontinuierlich in diesen übergeht. Ist dies nicht der Fall, kann es zu Leistungs- und Qualitätsverlusten bis hin zur Zerstörung des Produkts kommen (z. B. bei der Verarbeitung von Hefe). Bislang können jedoch keine definitiven Aussagen über die Zustände im Trommelinnenraum getroffen werden, da die Detektion von prozessrelevanten Kenngrößen über ihre Primärquelle messtechnisch nur schwer und aufwendig zu realisieren ist. Im Rahmen des Verbundprojekts wurde eine Sensorik entwickelt, die anhand von Sekundärquellen Rückschlüsse auf den tatsächlichen Zustand zulässt. Die zugrundeliegende Technologie ist auch als „virtuelle Sensorik" oder „Softsensor" (für Software Sensor) bekannt. Das methodische Fundament der Entwicklung bildet erneut die Spezifikationstechnik CONSENS.

Zur Anforderungserhebung für die zu entwickelnde Sensorik wurde zunächst ein **Umfeldmodell** erstellt (s. Abb. 3.15). Dieses ermöglicht eine Blackbox-Betrachtung der Sensorik, in der mögliche Umfeldelemente sowie deren Interaktion mit der zu entwickelnden Sensorik skizziert werden. Beispielhafte Elemente im Umfeld sind

Bauteile des Separators wie der Verteiler, die Schälscheibe oder der Zulauf. Diese wirken auf die Sensorik u. a. durch Vibration, die im Umfeldmodell als Energiefluss gekennzeichnet ist. Ein weiteres Umfeldelement ist die Steuerung, mit der die Sensorik Informationen in Form von Sensorsignalen austauscht. Während es sich hierbei um gewollte Beziehungen handelt, ergeben sich aus dem Umfeldmodell auch ungewollte Beziehungen, wie z. B. Einflüsse durch Temperatur oder Reinigungsflüssigkeiten. Sowohl die gewollten als auch die ungewollten Beziehungen sind wichtige Indikatoren für Anforderungen an die zu entwickelnde Sensorik.

Das Umfeldmodell der Sensorik bildet den Ausgangspunkt für die Erstellung der Anwendungsszenarien. Diese stellen eine situationsspezifische Sicht auf das in der Prinziplösung beschriebene System und das Systemverhalten dar. Mit Hilfe von Anwendungsszenarien wurden verschiedene Situationen entlang des Produktlebenszyklus charakterisiert und das Verhalten der Sensorik beschreiben. Die Situationen reichen dabei vom Transport, über die Montage, den Betrieb, die Reinigung und Reparatur bis hin zum Recycling. Dokumentiert wurden die verschiedenen Anwendungsszenarien in Form von Steckbriefen. Ein Anwendungsszenario-Steckbrief enthält einen charakteristischen Titel, Informationen zur betrachteten Phase im Produktlebenszyklus, eine Skizze zur Beschreibung der Situation, eine textuelle Beschreibung des Systemverhaltens sowie die aus dem jeweiligen Anwendungsszenario abgeleiteten Anforderungen. Abb. 3.16 zeigt exemplarisch den Steckbrief für das Anwendungsszenario „Füllstandsermittlung".

Aus dem Umfeldmodell und den Anwendungsszenarien wurden die Anforderungen an die Sensorik systematisch abgeleitet und in einer **Anforderungsliste** dokumentiert (s. Abb. 3.17). Durch die mögliche Positionierung der Sensorik im Trommelinnenraum entstehen besondere Anforderungen an die Sensorik im Hinblick auf Bauraum, Sanitärdesign, chemische Beständigkeit, Temperaturbeständigkeit, Montagemöglichkeit und Langzeitstabilität.

Auf Basis der gestellten Anforderungen wurde anschließend eine **Funktionshierarchie** für die Sensorik erstellt. Die Funktionshierarchie beschreibt die hierarchische Aufgliederung der Funktionalität der intelligenten Sensorik. Die Hauptfunktion „Separation optimieren" wurde dazu solange in Subfunktionen untergliedert, bis zur Erfüllung der Subfunktionen sinnvolle Lösungen gefunden werden können. Zunächst untergliedert sich die Hauptfunktion in die beiden Subfunktionen „Betriebszustände erkennen" und „Daten verarbeiten". Diese Subfunktionen wurden wiederum weiter untergliedert. Beispielsweise hat die Subfunktionen „Betriebszustände erkennen" sieben weitere Subfunktionen, wie z. B. „Greiferüberlauf überwachen", „Schwingungen sensieren" oder „Kavitation erkennen". Abb. 3.18 zeigt die Funktionshierarchie für die Sensorik.

Aufbauend auf der Funktionshierarchie wurde ein **morphologischer Kasten** erstellt, der ein in der Praxis weit verbreitetes Hilfsmittel zur Ermittlung und Auswahl alternativer Lösungen ist. Der morphologische Kasten nach Zwicky (1966) ist

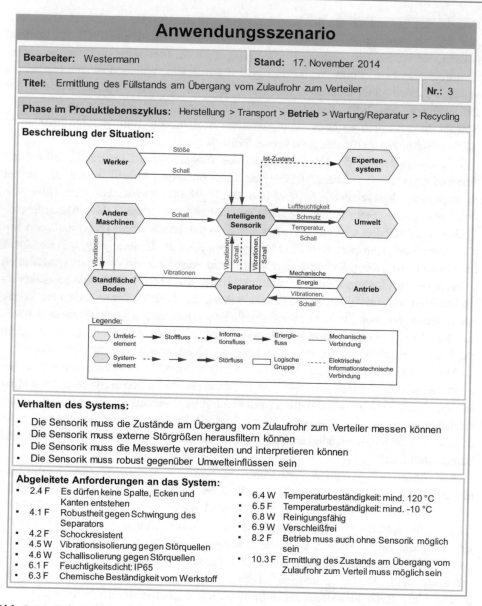

Abb. 3.16 Beispielhaftes Anwendungsszenario für die Sensorik

ein tabellenförmiger Ordnungsrahmen zur Erarbeitung von Gesamtlösungen aus Teil-
lösungen. Abb. 3.19 zeigt einen Auszug des morphologischen Kastens für die Sensorik.
In den Zeilen sind die Subfunktionen der Sensorik aufgelistet und in den Spalten mögliche Wirkprinzipien oder Lösungselemente zu deren Erfüllung. Durch die Kombination

it's owl-Separatori40 Stand: 24. November 2014				Anforderungsliste PP1.1 Intelligente Sensorik				
Änderungs- datum	Art	Nr.	F/W	Beschreibung	Ausprägung			
					min.	exakt	max.	Ein- heit
		1		**Geometrie und Gewicht**				
		1.1	F	L*B*H			20*50*2	mm
		1.2	F	Gewicht			100	Gramm
		2		**Geeignete Messstelle**				
		2.1	F	Einbau des Sensors darf das Messergebnis nicht verfälschen				
		2.2	W	Messstelle außerhalb des Produktstroms				
		2.3	F	Messstelle muss repräsentativ sein (z.B.: nicht im Schwingungsknoten)				

Abb. 3.17 Anforderungsliste für die Sensorik (Auszug)

der Wirkprinzipien bzw. Lösungselemente zu einer Gesamtlösung wurden nachvollzieh-bar Lösungsalternativen generiert. Für jedes Lösungselement wurde zudem ein Techno-logiesteckbrief verfasst, der die jeweilige Lösung charakterisiert.

Nach der Erstellung alternativer Lösungspfade wurden diese hinsichtlich der Anforderungen in der Anforderungsliste bewertet. Ausgewählt wurde ein Konzept mit einem piezo-elektrischen Schwingungssensor am unteren Ende des Zulaufrohrs.

Piezo-Elektrische Sensoren wandeln eine Kraft- bzw. Beschleunigungsänderung in eine Ladungsänderung, welche wiederum elektrisch erfasst werden kann. Dies ermöglicht die Messung von Schwingungen des Zulaufrohrs und des daraus resul-tierenden Körperschalls. Die genaue Ausprägung des Schwingungsmusters, also die Frequenzzusammensetzung des Körperschalls, hängt neben der Schwingungsanregung im Wesentlichen vom Übertragungsverhalten des Systems ab. Dies umfasst sämt-liche mechanischen Komponenten auf denen sich der Körperschall ausbreitet, sowie angrenzende Medien und deren Eigenschaften. Das Schwingungsmuster am Zulaufrohr kann somit für die Charakterisierung der Systemeigenschaften in der Nähe des Zulaufs genutzt werden; es stellt u. a. einen sog. „Fingerabdruck" für den Prozesszustand im Inneren des Separators dar. Dies wird auch durch erfahrene Maschinenbediener aus-genutzt: Der Körperschall breitet sich in der Maschine aus und regt auch die umgebende Luft an. Die Luftschwingungen (Schall) sind als charakteristische Geräuschmuster wahr-nehmbar. Anhand subtiler Änderungen des Geräuschmusters kann auf Änderungen des Prozesszustandes und der Betriebsbedingungen im Inneren des Separators geschlossen werden. Die durch den piezo-elektrischen Sensor erfassten Schwingungen lassen sich

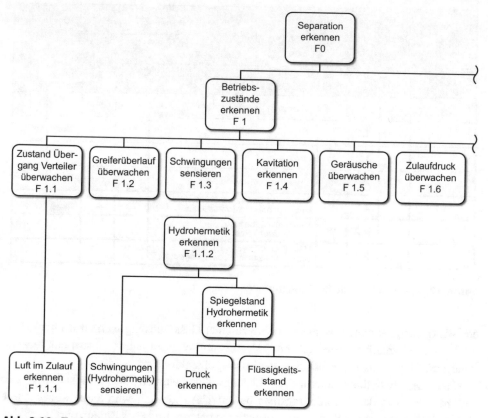

Abb. 3.18 Funktionshierarchie für die Sensorik

insgesamt als Mischung von vorrangig niederfrequenten Strukturschwingungen durch die Trommelrotation und hochfrequente Schwingungsanteile, die insbesondere Komponenten der Strömungsdynamik des Separationsmediums beinhalteten, verstehen. Dieser Körperschall lässt Rückschlüsse auf den Separationsprozess zu, welcher im Unterschied zu klassischen Schwingungsanalysen im Fokus des Verbundprojekts steht.

Aufgabe der **intelligenten Sensorik** ist neben der eigentlichen Schwingungsmessung auch die intelligente Auswertung der Sensorsignale und die Schlussfolgerung auf verschiedene Zustände des Separationsprozesses, die wiederum Eigenschaften wie z. B. Drücke oder Flüssigkeitsstände implizieren. Die intelligente Sensorik umfasst die geeignete Signal- und Datenverarbeitung von Sekundärquellen, also z. B. angeregte Schwingungen oder Geräusche, mit der auf die relevanten Kenngrößen in der Trommeleinheit des Separators geschlussfolgert werden kann. Dabei ist die unmittelbare Integration von Sensorik am Zulauf, also im rotierenden Separatorinnenraum, nicht praktikabel. Die Anbringung jeglicher Sensorik, also piezo-elektrische Sensoren oder

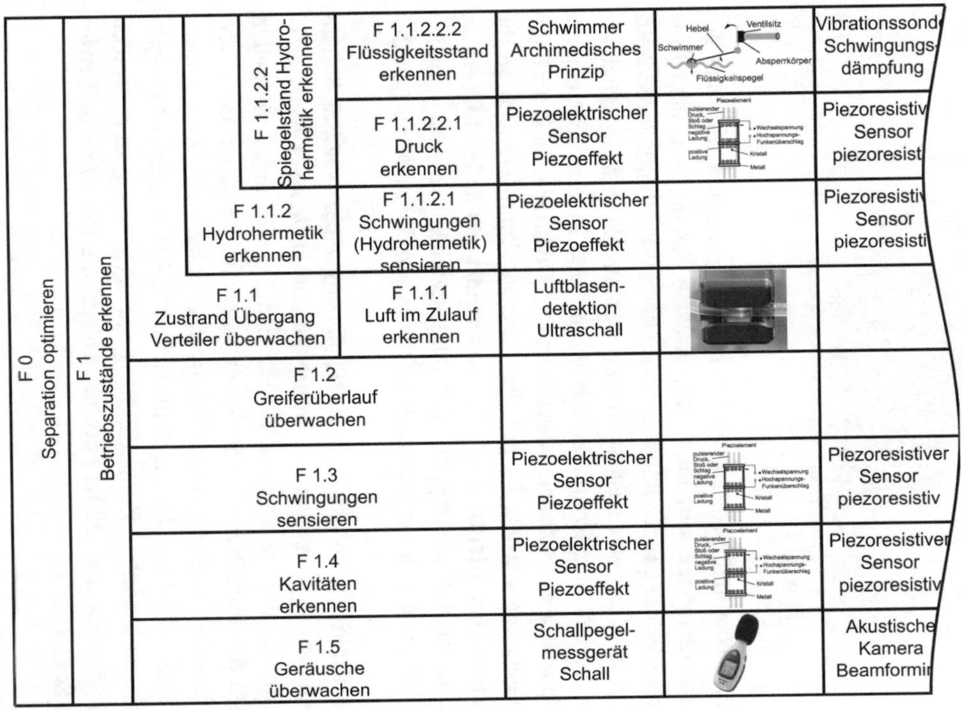
F 0
Separation optimieren
F 1
Betriebszustände erkennen
F 1.1.2.2
Spiegelstand Hydro-
hermetik erkennen
F 1.1.2.2.2
Flüssigkeitsstand
erkennen
Schwimmer
Archimedisches
Prinzip
Hebel
Ventilsitz
Schwimmer
Absperrkörper
Flüssigkeitsspegel
Vibrationssond
Schwingungs
dämpfung
F 1.1.2.2.1
Druck
erkennen
Piezoelektrischer
Sensor
Piezoeffekt
Piezoresistiv
Sensor
piezoresist
F 1.1.2
Hydrohermetik
erkennen
F 1.1.2.1
Schwingungen
(Hydrohermetik)
sensieren
Piezoelektrischer
Sensor
Piezoeffekt
Piezoresisti
Sensor
piezoresisti
F 1.1
Zustrand Übergang
Verteiler überwachen
F 1.1.1
Luft im Zulauf
erkennen
Luftblasen-
detektion
Ultraschall
F 1.2
Greiferüberlauf
überwachen
F 1.3
Schwingungen
sensieren
Piezoelektrischer
Sensor
Piezoeffekt
Piezoresistiver
Sensor
piezoresistiv
F 1.4
Kavitäten
erkennen
Piezoelektrischer
Sensor
Piezoeffekt
Piezoresistiver
Sensor
piezoresistiv
F 1.5
Geräusche
überwachen
Schallpegel-
messgerät
Schall
Akustische
Kamera
Beamformi

Abb. 3.19 Morphologischer Kasten zur Ermittlung und Auswahl alternativer Lösungen

Abb. 3.20 Umsetzung
einer intelligenten Sensorik
mittels virtuellem Sensor zur
Erkennung des Zustands im
Trommelinnenraum

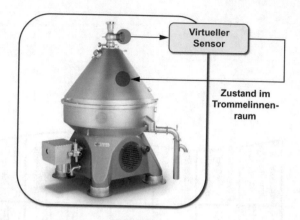

visuelle Überprüfung des Trommelinnenraumes, ist hochkomplex und mit enormen prozessbedingten Herausforderungen verbunden. Im direkten Kontakt mit dem Rohstoff und Produkten, insbesondere bei sensiblen Lebensmitteln oder Pharmaprodukten, muss eine Beeinflussung des Prozesses ausgeschlossen werden. Es steht lediglich ein minimaler Bauraum im Bereich der Rohproduktzuführung und in der Trommeleinheit zur Verfügung; gleichzeitig muss hohen Drehzahlen der Trommeleinheit im überkritischen Bereich standgehalten werden. Es bestehen höchste Anforderungen an die Dauerfestigkeit der verwendeten Materialien aller rotierender Bauteile. Messwerte müssen also möglichst kontaktlos übertragen oder aufgenommen werden, dennoch ist eine kontinuierliche Messung von zehntausenden Werten pro Sekunde zu gewährleisteten.

Um die zusätzliche Komplexität und die Kosten für einen perspektivischen Serieneinsatz der intelligenten Sensorik zu reduzieren, wurde ein kostengünstiger piezo-elektrischer Sensor außen am Ablaufrohr angebracht. Mit dem Ansatz eines **virtuellen Sensors** kann dennoch auf den Prozesszustand im Trommelinnenraum geschlossen werden (s. Abb. 3.20). Dabei handelt es sich um eine Software, die eine nicht- bzw. schwer beobachtbare Zielgröße indirekt erfasst, indem stellvertretende, korrelierende Messgrößen über ein virtuelles Sensormodell in Zusammenhang zur Zielgröße gestellt werden (Atkinson et al. 2002; Gustafsson et al. 2001; Fortuna et al. 2007). Der virtuelle Sensor ist Kern der intelligenten Sensorik.

3.3   Expertensystem für Separatoren

Langjähriges Erfahrungswissen spielt bei der Festlegung der Betriebsparameter sowie im Rahmen der Produktentwicklung von Separatoren eine zentrale Rolle. Es handelt sich hierbei um Wissen über die Verarbeitung unterschiedlicher Medien als auch Wissen über die tatsächlichen verfahrenstechnischen Abläufe innerhalb eines

Separators. Hinzu kommt Wissen über systemische Zusammenhänge wie z. B. Auswirkungen von nicht optimalen Betriebsbedingungen. Dieses Wissen ist heutzutage in der Regel personengebunden und zudem global verteilt, z. B. in den Köpfen von Servicemitarbeitern, die aufgrund ihrer Erfahrungen Betriebsbedingungen und Leistungsentfaltungen der Separatoren analysieren können. Diese Zusammenhänge sind Maschinenbedienern nicht immer auf den ersten Blick ersichtlich, da der Separator z. B. keine Störungen meldet, die Produktionsleistung aber dennoch nicht den erwarteten Werten entspricht.

Ziel des im Folgenden beschriebenen Expertensystems ist es daher, menschliches Systemverständnis sowie aus Daten abgeleitete Regeln rechnerintern abzubilden und geeignete Assistenzfunktionen für die Separatorbedienung bereit zu stellen. Dabei steht weniger die Abbildung menschlicher Problemlösungskompetenz im Vordergrund, sondern vielmehr die Abbildung menschlichen Systemverständnisses (z. B. Prozess-Know-how und Ursache-Wirkungs-Beziehungen). Dies ermöglicht die Unterstützung der Separatorbedienung und schlussendlich eine optimierte Prozesskonfiguration.

Im Folgenden wird zunächst das Architekturkonzept für das im Verbundprojekt entwickelte Expertensystem beschrieben (Abschn. 3.3.1). Ausgehend von der Systemmodellierung in Kap. 3 und der in Abschn. 3.2 beschriebenen Sensorik werden in einem nächsten Schritt die für das Expertensystem zu betrachtenden Zustände selektiert und das Regelwerk erstellt. Das Regelwerk umfasst einerseits maschinell gelernte Zustandsdetektoren (Abschn. 3.3.2) sowie die Verknüpfung mit Handlungsempfehlungen zur Behebung von Fehlerzuständen (Abschn. 3.3.3). Abschließend wird ein Ansatz zur automatischen Fehlerbehebung und Optimierung des Separatorbetriebs vorgestellt (Abschn. 3.3.4).

3.3.1 Konzept und Architektur des Expertensystems

Ziel des Expertensystems ist eine kontinuierliche Überwachung des Separationsprozesses und eine ambiente Assistenz für den Benutzer. Hierfür soll die intelligente Sensorik (Abschn. 2.3) die notwendige Erfassung des Separationsprozesses ermöglichen. Abb. 3.21 zeigt konzeptionell die messtechnische Erschließung des Zustands im Separatorinnenraum, welche durch die Analyse von Körperschall realisiert wurde. Das Expertensystem beinhaltet schließlich ein Regelwerk zur rechnergestützten Interpretation des Systemzustands und verknüpft diesen mit Handlungsempfehlungen bzw. automatisierten Routinen zur Fehlerbehebung.

Die für das Expertensystem entwickelte Architektur zeigt Abb. 3.22. Die Komponenten zur automatischen Erkennung von Prozesszuständen und deren Verknüpfung mit Handlungsempfehlungen bilden den Kern des Expertensystems (Inferenzmaschine). Die Wissensbasis enthält die Modelle und Regeln, welche durch die Inferenzmaschine zur Prozessüberwachung, Benutzerassistenz und automatischen

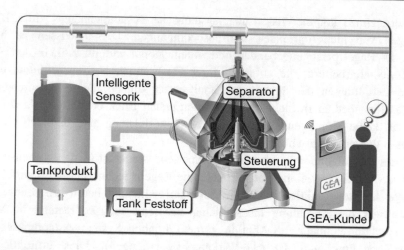

Abb. 3.21 Schematische Darstellung des Expertensystems und der intelligenten Sensorik im Prozesskontext

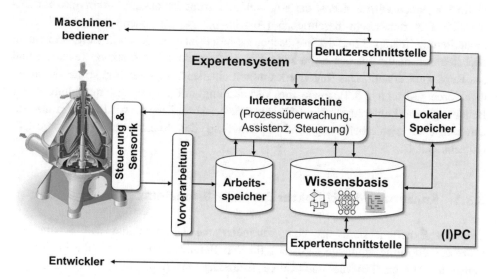

Abb. 3.22 Architekturkonzept des Expertensystems für einen intelligenten Separator

Steuerung verwendet werden. Die klassische Architektur von Expertensystemen (s. Abb. 2.5 in Abschn. 2.4) wurde um Schnittstellen zur Sensorik und Aktorik des Separators erweitert. Dies ermöglicht eine kontinuierliche Prozessüberwachung sowie die automatisierte Identifizierung und Behebung von nicht optimalen Prozesszuständen. Zusätzlich bietet ein Speicherbereich die Möglichkeit, Sensor- und Betriebsdaten lokal abzulegen. Diese Daten können zur späteren Analyse und Verbesserung der Modelle verwendet werden.

Im Folgenden werden die Modellbildung zur Prozessüberwachung, die Verknüpfung mit Handlungsempfehlungen und die automatische Prozesssteuerung beschrieben.

3.3.2 Prozessüberwachung mit Maschinellen Lernverfahren

Kern des Expertensystems bildet eine Wissensbasis, die ein Regelwerk zur rechner-gestützten Interpretation des Systemzustands beinhaltet und diese mit Handlungs-empfehlungen bzw. automatisierten Routinen zur Fehlerbehebung verknüpft. Dazu wurden die in Abschn. 3.1.3 identifizierten Wirkzusammenhänge in Regeln überführt, die zur rechnergestützten Ausführung geeignet sind. Dies wurde je nach Komplexität des betrachteten Zusammenhangs z. B. in Form von Wenn-Dann-Beziehungen umgesetzt oder mittels datengetriebener Verfahren, die automatisch Regelmäßigkeiten aus einem Datensatz ableiten. Letzterer Ansatz erlaubt die Detektion komplexerer Muster in Sensordaten, die sich nicht zur manuellen Formulierung von Wenn-Dann-Beziehungen eignen, und steht im Fokus dieses Abschnitts.

Für die Erstellung des Regelwerks wurden folgende Schritte durchlaufen:

1. Datenakquise und Annotation
2. Datenvorverarbeitung
3. Modellbildung
4. Evaluation der Generalisierungsfähigkeit

Datenakquise und Annotation Die Datenakquise wurde für den relevanten Betriebs-raum eines Separators (Typ MSI-500) durchgeführt. Der für die Maschinenbedienung relevante Betriebsraum ist hier durch den Durchfluss, den Ablaufdruck und die Trommel-drehzahl definiert (s. Abb. 3.23 (links) und Abschn. 3.1.3). Für die experimentelle Daten-akquise wurde der Separator mit Wasser betrieben und nacheinander verschiedene Punkte im relevanten Betriebsraum angefahren. Bei Erreichen des gewünschten Betriebs-punktes erfolgte die Messwertaufnahme über den Schwingungssensor am Zulauf (Separatorinnenraum) und am Ablauf (s. Abb. 3.23 [rechts]). Es wurden jeweils Signal-verläufe des Körperschalls für 30 s mit einer Abtastrate von 48 kHz aufgezeichnet.

Ein Experte für Separatoren annotierte den Betriebspunkt während der Daten-aufnahme jeweils mit Zustandsbezeichnern entsprechend seiner Sichtprüfung (z. B. Überlauf) und seiner akustischen Wahrnehmung (z. B. hohe Produktbelastung und Kavitation). Die verwendeten Zustände entsprechen den zuvor in Abschn. 3.1.3 identi-fizierten, nicht optimalen Prozesszuständen oder einem i. O.-Zustand („in Ordnung"). Dabei können in einem Betriebspunkt mehrere Fehler- bzw. Prozesszustände gleichzeitig beobachtet werden.

Die Verteilung der Datenpunkte im Betriebsraum mit der zugehörigen Annotation zeigt Abb. 3.23. Dabei wurde jeder Betriebspunkt wiederholt angefahren, um möglichen Hys-terese-Effekten vorzubeugen. Insgesamt wurden mehr als 250 Messungen durchgeführt.

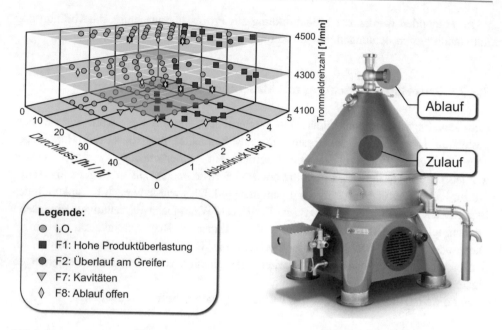

Abb. 3.23 Annotierte Datenpunkte im Betriebsraum, für die wiederholte Körperschallmessungen im Trommelinnenraum und am Ablauf des Separators (rechts) akquiriert wurden

Datenvorverarbeitung Die akquirierten und annotierten Daten wurden weiter vorverarbeitet, um sie den maschinellen Lernverfahren zuzuführen. Insbesondere wurden domänenspezifische Merkmale wie z. B. amplitudenbasierte, verteilungsbasierte und spektrale Merkmale aus den Rohdaten berechnet. Dabei werden Merkmale so gewählt, dass sie eine möglichst gute Diskriminierung der zu unterscheidenden Zustände erlauben. Darauf wird im Kontext von maschinellen Lernverfahren im nachfolgenden Abschnitt näher eingegangen. Des Weiteren wurden die 30 s langen Messwertsequenzen in kleinere Zeitfenster zerlegt (bspw. Zeitfenster, die jeweils 1 s der Messreihen umfassen), um eine spätere Online-Erkennung der Prozesszustände nahe Echtzeit zu ermöglichen.

Modellbildung und Maschinelles Lernen zur Prozessüberwachung Im Folgenden soll exemplarisch der Klassifikator für den Fehlerzustand „hohe Produktbelastung" betrachtet werden. Der Zustand ist gekennzeichnet durch eine starke Vibration im Separatorinnenraum, die zur Beeinträchtigung der Produkteigenschaften führen kann. Abb. 3.24 zeigt die statistische Verteilung von Schwingungsparametern für alle Messungen im Betriebsraum, vereinfacht für zwei Schwingungsparameter. Jeder Punkt in der Darstellung zeigt die mittlere sowie die maximale Schwingungsamplitude für die Körperschallmessung in einem Betriebspunkt. Die Farbe stellt dabei die Annotation aufgrund der Experteneinschätzung zu dieser Messung dar. Mit der Messung des

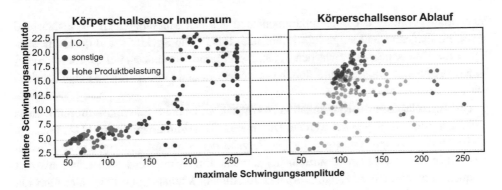

Abb. 3.24 Mittlere und Maximale Schwingungsamplitude verschiedener Körperschallmessungen im Separatorinnenraum und am Ablauf

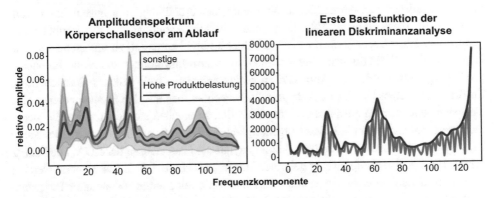

Abb. 3.25 Amplitudenspektrum des Körperschallsensors am Ablauf für Fehlerzustand und Normalzustand, sowie Diskriminanzanalyse

Körperschallsensors im Separatorinnenraum (Abb. 3.24, links) lässt sich der Fehlerzustand leicht identifizieren. Er hängt direkt mit der maximal gemessenen Schwingungsamplitude zusammen. Anhand der Schwingungsamplitude des Körperschallsensors am Ablauf lässt sich diese Aussage nicht ohne weiteres treffen, da sich hier die Merkmale bei Messungen im Fehlerzustand und auch bei fehlerfreien Messungen überlappen (Abb. 3.25, rechts). Soll nur die Messung des Sensors am Ablauf für die Fehlerklassifikation im Sinne eines virtuellen Sensors verwenden werden (Abschn. 3.2), ist eine weitere Verarbeitung und Merkmalsextraktion notwendig.

Die Erkennung des Fehlerzustands durch einen erfahrenen Maschinenbediener geschieht im Wesentlichen anhand seiner Wahrnehmung und Einschätzung des durch die Maschine emittierten Geräuschs. Daher wird angenommen, dass die Betrachtung der Spektraleigenschaften des Körperschallsensors am Ablauf zielführend ist. Für die Exploration des spektralen Merkmalsraums wurde ein mittleres Spektrum sowie die

Standardabweichung der Spektralkomponenten aus den Messungen im Normalzustand sowie im Fehlerzustand aufgestellt (Abb. 3.25, links). Die Spektren sind qualitativ ähnlich. Eine Unterscheidung zwischen Fehlerzustand und Normalzustand ist vor allem bei hohen Frequenzen möglich und dort insbesondere in den Grenzbereichen charakteristischer Frequenzbänder.

Um die Robustheit der Klassifikation zu erhöhen, sollte diese Erkenntnis im Sinne eines spektralen Modells abgebildet werden. Die **lineare Diskriminanzana**lyse (LDA, Fukanga 1990) findet Vektoren, entlang derer bei Vorgabe der Klassenzugehörigkeit die Klassen bestmöglich unterschieden (diskriminiert) werden. Ein Vektor setzt sich dabei aus den Frequenzkomponenten zu einem Zeitpunkt zusammen. Mathematisch betrachtet führt die LDA eine Transformation des Frequenzmerkmalsraumes aus, bei der die resultierenden Hauptachsen die Inter-Klassen-Varianz maximieren. Intuitiv lässt sich dies so verstehen, dass diese Transformation die Frequenzkomponenten in der Form verändert, dass diese für den Fehlerfall und den Normalfall in einer einfachen Abbildung weit auseinanderliegen. Es kann also diese einfache Abbildung (mathematisch: Abbildung auf die Hauptachsen) genutzt werden, um sehr einfach zwischen Fehlerfall und Normalfall zu unterscheiden. Die Hauptachsen sind Vektoren im Frequenzmerkmalsraum und können daher als Frequenzprofil dargestellt werden. In Abb. 3.26 ist rechts beispielhaft ein solches Frequenzprofil für die erste Hauptachse der LDA dargestellt. Berechnet man aus den Frequenzmerkmalen die gewichtete Summe entsprechend dieser Profile, so ergeben sich veränderte Frequenzmerkmale, anhand derer die Klassenzugehörigkeit deutlich robuster bestimmt werden kann. Dies entspricht einer Projektion bzw. Abbildung auf die Hauptachsen der LDA. Die Hauptachsen können also als überwacht gelerntes, lineares spektrales Modell verstanden werden. Dies stellt außerdem eine Dimensionsreduktion von einer Menge redundanter Frequenzmerkmale hin zu wenigen, aber aussagekräftigen Frequenzmerkmalen dar. In Abb. 3.26 (links) werden die Trainingsdaten vereinfacht für zwei Merkmale dargestellt. Durch die ersten LDA-Projektion lässt sich bereits eine gute Trennung der Klassen erzielen.

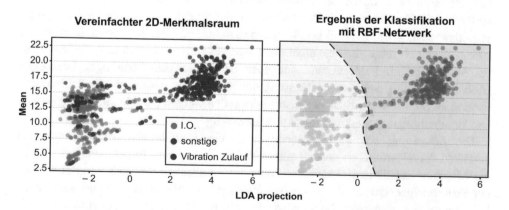

Abb. 3.26 Resultierender Merkmalsraum und Klassifikation mit RBF-Netzwerk

Gemeinsam mit den amplituden- und verteilungsbasierten Merkmalen werden diese einem künstlichen neuralen Netzwerk basierend auf radialen Basisfunktionen (**RBF-Netzwerk,** Broomhead und Lowe 1988) zur Klassifikation übergeben. Als Soll-Ausgangsgröße werden die Annotationen des Maschinenbedieners über den Prozesszustand während der Experimente genutzt. RBF-Netzwerke werden typischerweise als Funktionsapproximatoren für Regressionsprobleme verwendet. Dabei wird der funktionale Zusammenhang als Linearkombination von symmetrischen Basisfunktionen (meist Gauß-Funktionen) stückweise zusammengesetzt. Im Falle einer binären Klassifikationsaufgabe bildet das RBF-Netzwerk die Klassenzugehörigkeit als Bereich über dem Merkmalsraum ab. Das Ergebnis der Klassifikation und die Klassengrenze ist in Abb. 3.26, rechts für den vereinfachten 2D-Merkmalsraum dargestellt.

Evaluation der Generalisierungsfähigkeit Für die quantitative Bewertung wurde das Klassifikationsergebnis mittels Kreuzvalidierung statistisch evaluiert. Dabei wird der Trainingdatensatz in n (hier: $n = 10$) gleiche Teile aufgeteilt und nacheinander $n - 1$ Teile für das Training des Klassifikators verwendet. Der verbleibende, nicht für das Training verwendete Teil kann dann jeweils zur Bewertung der Generalisierungsfähigkeit des Klassifikators genutzt werden. Zur Bewertung wurden drei verschiedene Größen herangezogen und über alle Fälle der Kreuzvalidierung gemittelt. Die **Treffergenauigkeit** (Accuracy) beschreibt den Anteil der richtig klassifizierten Fälle an der Gesamtzahl der Fälle. Eine Messung ist richtig klassifiziert, wenn ein Fehlerzustand korrekt erkannt wurde *(richtig positiv)* oder wenn richtig erkannt wurde, dass kein Fehlerzustand, also ein Normalzustand vorliegt *(richtig negativ)*. Diese Kennzahl ist jedoch nur begrenzt aussagekräftig, da sie keine Unterscheidung hinsichtlich richtig-positiv- und richtig-negativ-Erkennung zulässt. In der Praxis sind meist sehr viele Beispieldaten für den Normalzustand und nur wenige für den Fehlerzustand vorhanden. In diesem Fall ist die Kennzahl stark in die Richtung der richtig-negativ-Erkennung verzerrt, sodass die – in der Praxis sehr relevante – richtig-positiv-Erkennung deutlich schwächer in die Bewertung eingeht. Diese Ungleichverteilung wird beim **Matthew Korrelationskoeffizient** (MCC) berücksichtigt. Die Kennzahl liegt im Bereich von -1 bis 1 und lässt so auf eine perfekte Klassifikation (MCC$=1$), eine zufällige Vorhersage (MCC$=0$) und eine perfekte negative Korrelation des Klassifikationsergebnisses (MCC$=-1$) schlussfolgern. Zusätzlich wurde die **Falsch-Positivrate** ermittelt, da hierdurch eine Bewertung möglich ist, ob der besonders „teure" Fall einer inkorrekten Einschätzung eines i. O.-Zustands als Fehlerzustand auftritt.

Es zeigt sich, dass sich die Fehlerzustände mit ausreichender Genauigkeit auch für neue, nicht im Training verwendete Messungen vorhersagen lassen. Für den Fehlerzustand „Hohe Produktbelastung" konnte mit der beschriebenen Vorverarbeitung, Merkmalsextraktion und Anwendung eines RBF-Netzwerk z. B. ein Klassifikationsergebnis entsprechend Tab. 3.1 erreicht werden.

Tab. 3.1 Evaluation des Klassifikators „Hohe Produktbelastung"

Score	Testfehler	Varianz
Accuracy	95.0	±8.2
MCC	89.7	±16.0
False Pos. Rate	4.7 %	

3.3.3 Verknüpfung von Fehlerzuständen mit Handlungsempfehlungen

Um ausgehend von den einzelnen Klassifikationsergebnissen zu einer Bewertung des Prozesszustands und anschließend zu einer Handlungsempfehlung zu kommen, werden die Ausgaben der Klassifikatoren zunächst nach einem **„winner takes all"**-Ansatz zusammengeführt. Die von den Sensordaten abgeleiteten, vorverarbeiteten Merkmale werden dafür den Klassifikatoren parallel zur Verfügung gestellt. Jeder Klassifikator trifft dann eine Aussage zu einem spezifischen Fehlerzustand. Einerseits muss dadurch ein einzelner Klassifikator in der Wissensbasis nur eine 2-Klassen Entscheidung treffen (betrachteter Fehlerzustand liegt vor oder nicht). Andererseits kann in diesem Schema ein neuer Klassifikator auf einfache Weise zu einem späteren Zeitpunkt in die Wissensbasis aufgenommen werden. Somit sind die modulare Erweiterung des Expertensystems und die simultane Aktivierung mehrerer Fehlerzustände gewährleistet. Voraussetzung für die Zusammenführung der Klassifikatorausgaben ist die Normierung auf einen einheitlichen Wertebereich (z. B. 0 bis 1). Es „gewinnt" nun der Klassifikator mit dem maximalen Ausgabewert, dieser wird im weiteren als Gesamt-Klassifikatorausgabe verwendet.

Für die **Auswahl der zugehörigen Handlungsempfehlung** wird zunächst die Klassifikatorausgabe mit einem Schwellenwert verglichen. Liegt die Ausgabe unterhalb des Schwellenwertes (z. B. 0,5), ist keine Handlungsmaßnahme notwendig und es kann vom Normalzustand ausgegangen werden. Bei Überschreiten des Schwellenwertes wird die zu dem Fehlerzustand zugehörige Handlungsmaßnahme ausgewählt. Dafür müssen die aus dem Systemmodell abgeleiteten Handlungsmaßnahmen (Abschn. 3.1.3) strukturiert in der Wissensbasis abgelegt und eindeutig den Fehlerzuständen zugeordnet sein.

Beispielsweise ist der Zustand „Hohe Produktbelastung" verknüpft mit der Fehlermeldung „Eine hohe mechanische Belastung des Produkts im Separatorinnenraum liegt vor" und der Handlungsempfehlung „Anpassung des Betriebspunkts (Verringerung von Durchsatz oder Druck oder Drehzahl) empfohlen" (s. Abb. 3.27).

3.3.4 Online-Fehlerbehebung und Optimierung des Separatorbetriebs

Die bisher beschriebene Funktionalität des Expertensystems zielt auf eine Bedienerunterstützung ab, welche durch die Visualisierung von Prozesszuständen, die Anzeige von erklärenden Fehlermeldungen und passenden Handlungsempfehlungen realisiert ist. Die Fehlerbehebung selbst obliegt hier dem Maschinenbediener.

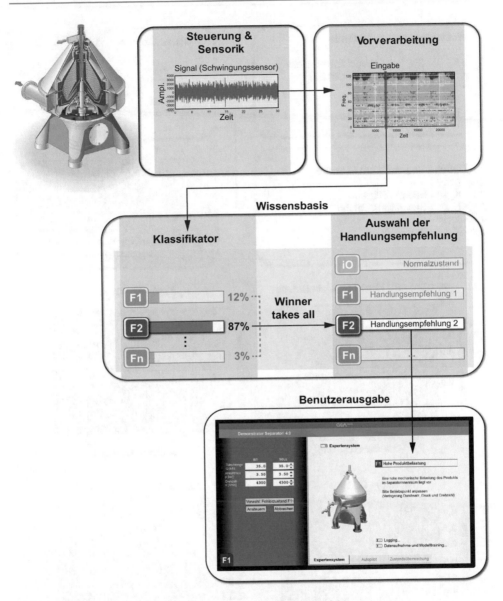

Abb. 3.27 Verknüpfung der Klassifikatoren mit Handlungsempfehlungen

Das Expertensystem wurde um eine Komponente zur Online-Fehlerbehebung (d. h. im laufenden Betrieb) und Prozessoptimierung erweitert. Diese ermöglicht den automatisierten Betrieb des Separators im Sinne eines Autopiloten, indem die Prozessparameter so angepasst werden, dass Fehler vermieden und/oder Optimierungskriterien erfüllt werden. Der Ansatz koppelt die Prozessüberwachung mit einem auf Zielfunktionen basierenden Regelungsansatz (Moro et al. 2013; Dehio et al. 2015; Dehio

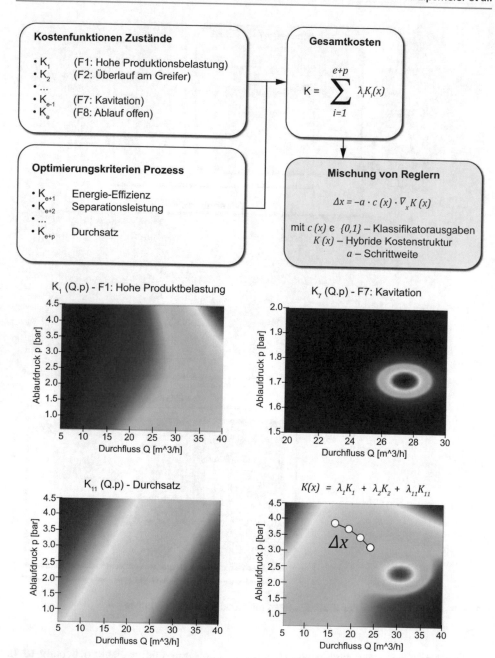

Kostenfunktionen Zustände

- K_1 (F1: Hohe Produktionsbelastung)
- K_2 (F2: Überlauf am Greifer)
- ...
- K_{e-1} (F7: Kavitation)
- K_e (F8: Ablauf offen)

Gesamtkosten

$$K = \sum_{i=1}^{e+p} \lambda_i K_i(x)$$

Optimierungskriterien Prozess

- K_{e+1} Energie-Effizienz
- K_{e+2} Separationsleistung
- ...
- K_{e+p} Durchsatz

Mischung von Reglern

$$\Delta x = -a \cdot c(x) \cdot \nabla_x K(x)$$

mit $c(x) \in \{0,1\}$ – Klassifikatorausgaben
$K(x)$ – Hybride Kostenstruktur
a – Schrittweite

K_1 (Q.p) - F1: Hohe Produktbelastung

K_7 (Q.p) - F7: Kavitation

K_{11} (Q.p) - Durchsatz

$K(x) = \lambda_1 K_1 + \lambda_2 K_2 + \lambda_{11} K_{11}$

Abb. 3.28 Ansatz zur online Fehlerbehebung und Optimierung des Separationsprozesses

et al. 2016). Bei diesen **Zielfunktionen** *(engl. objective function)*[3] handelt es sich um modulare und parametrisierbare Funktionen, die den möglichen Betriebszuständen eine Bewertung hinsichtlich eines Kriteriums zuweisen. Sie können auch als „Kartografierung" des Betriebsraumes hinsichtlich dieses Kriteriums aufgefasst werden. Diese Kriterien ergeben sich zum einen aus den einzelnen Fehlerzuständen, die möglichst vermieden werden sollen, sowie weiteren Optimierungskriterien aus dem Prozess. Die Zielfunktion zum Fehlerzustand „Hohe Produktbelastung" weist z. B. den Betriebspunkten, in deren Nähe der Fehler typisch auftritt, hohe Kosten zu. Das zuvor entwickelte Expertensystem ist dabei Voraussetzung, um den Betriebsraum automatisiert punktweise abzutasten und mit dem zugehörigen Fehlerklassifikator zu bewerten. Eine Zielfunktion zur Prozessoptimierung ist z. B. das Optimierungskriterium Energie-Effizienz, bei dem den Betriebspunkten hohe Kosten proportional zum Energieaufwand zugewiesen werden. Weitere Optimierungskriterien sind z. B. die Separationsleistung oder der Durchsatz und die Trennschärfe.

In Abb. 3.28 (unten) sind beispielhaft die Zielfunktionen für zwei Fehlerkriterien sowie ein Optimierungskriterium farbcodiert über zwei Betriebsparameter (Durchfluss Q und Ablaufdruck p) des Betriebsraumes dargestellt. Die Gesamtzielfunktion K ergibt sich als gewichtete Summe aus den einzelnen Zielfunktionen K_i, wobei die Gewichtung durch die Faktoren λ_i eingestellt wird.

Die Optimierung des Betriebspunktes geschieht nun durch schrittweise Anpassung der Betriebsparameter entlang des Gradienten der Gesamtzielfunktion. Die Änderung des Betriebspunkts kommt dabei nur bei Auftreten eines Fehlerfalles zum Tragen und ist daher an die binäre Klassifikatorausgabe c(x) gekoppelt (s. Abb. 3.28, rechts). Auf diese Weise wird eine simultane Fehlerbehebung unter Berücksichtigung zusätzlicher Optimalitätskriterien erreicht. Zudem wird durch die fehlerabhängige Änderung des Betriebspunkts das Systemverhalten für den Nutzer intuitiv interpretierbar und transparent: Das System ändert die vom Maschinenbediener zuvor definierte Konfiguration des Separators nur soweit, dass der Fehlerzustand verlassen wird. Eine Iteration des Gradientenabstiegs bis hin zu einem lokalen Optimum, oder die Suche des globalen Optimums werden von dem Ansatz prinzipiell auch unterstützt.

Literatur

Atkinson C, Traver M, Long T, Hanzevack E (2002) Predicting smoke. InTech 6:32–35
Broomhead DS, Lowe D (1988) Multivariable functional interpolation and adaptive networks. Complex Syst 2:321–355

---

[3]In der Literatur ist auch der Begriff *Kostenfunktion* gängig, wobei hier ein mathematisch abstraktes Verständnis von „Kosten" gemeint ist.

Dehio N, Reinhart RF, Steil JJ (2015) Multiple task optimization with a mixture of controllers for motion generation. In: IEEE/RSJ international conference on intelligent robots and systems (IROS), S 6416–6421

Dehio N, Reinhart RF, Steil JJ (2016) Continuous task-priority rearrangement during motion execution with a mixture of torque controllers. In: IEEE-RAS international conference on humanoid robots, S 264–270

Edler F, Soden M, Hankammer R (2015) Fehlerbaumanalyse in Theorie und Praxis: Grundlagen und Anwendung der Methode. Springer Vieweg, Heidelberg

Fortuna L, Graziani S, Rizzo A, Xibilia MG (2007) Soft sensors for monitoring and control of industrial processes. Advances in industrial control. Springer, London

Fukunaga K (1990) Introduction to statistical pattern recognition. Academic, Boston

Gausemeier J, Lanza G, Lindemann U (2012) Produkte und Produktionssysteme integrativ konzipieren – Modellbildung und Analyse in der frühen Phase der Produktentstehung. Hanser, München

Gausemeier J, Trächtler A, Schäfer W (2014) Semantische Technologien im Entwurf mechatronischer Systeme – Effektiver Austausch von Lösungswissen in Branchenwertschöpfungsketten. Hanser, München

Gustafsson F, Drevö M, Forssell U, Löfgren M, Persson N, Quicklund H (2001) Virtual sensors of tire pressure and road friction. SAE technical paper 2001-01-0796

Lindemann U, Mauerer M, Braun T (2009) Structural complexity management – an approach for the field of product design. Springer, Berlin

Maurer, MS (2007) Structural awareness in complex product design. Dissertation, Fakultät für Maschinenwesen, Technische Universität München, Verlag Dr. Hut, München

Moro FL, Gienger M, Goswami A, Tsagarakis NG, Caldwell DG (2013) An attractor-based Whole-Body Motion Control (WBMC) system for humanoid robots. In: IEEE/RAS international conference on humanoid robots

Schuh G (2005) Produktkomplexität managen – Strategien – Methoden – Tools. Hanser, München

Zwicky F (1966) Entdecken, Erfinden, Forschen im morphologischen Weltbild. Baeschlin Verlag, Glarus

M.Sc. André Lipsmeier ist wissenschaftlicher Mitarbeiter am Fraunhofer Institut für Entwurfstechnik Mechatronik. Dort ist er auf dem Gebiet der strategischen Produktplanung in Forschungs- und Industrieprojekten tätig. Der ausgebildete Industriemechaniker studierte Maschinenbau an der Universität Paderborn.

Dr.-Ing. Thorsten Westermann war Gruppenleiter am Fraunhofer-Institut für Entwurfstechnik Mechatronik IEM in Paderborn. In dem Bereich Produktentstehung von Prof. Dr.-Ing. Roman Dumitrescu leitete er eine Forschungsgruppe im Themenfeld Produkt-Service-Systeme. Der studierte Wirtschaftsingenieur promovierte auf dem Gebiet Systems Engineering für Intelligente Technische Systeme bei Prof. Dr.-Ing. Jürgen Gausemeier.

Dipl.-Ing. Sebastian von Enzberg ist Senior-Experte am Fraunhofer-Institut für Entwurfstechnik Mechatronik (IEM) in Paderborn und arbeitet dort am Themengebiet Industrial Data Science. Nach dem Studium Elektrotechnik schließt er aktuell seine Promotion am Institut für Informations- und Kommunikationstechnik der Universität Magdeburg ab.

Dr. rer. nat. Felix Reinhart war Senior-Experte für Maschinelles Lernen und Data Analytics am Fraunhofer-Institut für Entwurfstechnik Mechatronik (IEM) in Paderborn. Herr Reinhart hat am CoR-Lab der Universität Bielefeld im Bereich Intelligente Systeme promoviert und war Gastwissenschaftler am NASA JPL. Sein thematischer Schwerpunkt ist das maschinelle Lernen in technischen Systemen.

Systemintegration & Validierung

4

Sebastian von Enzberg und Felix Reinhart

Ziel des Pilotprojekts 3 (s. Abb. 1.2 in Abschn. 1.2) war die Validierung der entwickelten Methodik und des Expertensystems an einem vorindustriellen Demonstrator. Hierbei stand insbesondere die Integration von Separator, Separatorsteuerung, Sensorik und Expertensystem in einer modularen Systemarchitektur im Vordergrund. In diesem Kapitel werden die Systemarchitektur und die Validierungsergebnisse anhand des im Projekt entwickelten Demonstrators vorgestellt. Zunächst wird auf die Systemarchitektur und Integration der Teilsysteme eingegangen. Darauffolgend wird die Benutzerschnittstelle des Expertensystems vorgestellt. Das Kapitel schließt mit der Validierung des Systems anhand verschiedener Versuche mit dem im Verbundprojekt entwickelten Demonstrator.

4.1 Systemarchitektur und -integration

Abb. 4.1 zeigt schematisch die Architektur zur Integration der verschiedenen Systemkomponenten. Der Demonstrator setzt auf einem Separator mit speicherprogrammierbarer Steuerung (SPS) auf. Die zusätzliche Sensorik am Zu- und Ablauf (Abschn. 3.2) wird über einen weiteren Block an der Steuerung abgegriffen.

S. von Enzberg (✉) · F. Reinhart
Produktentstehung, Fraunhofer Institut für Entwurfstechnik Mechatronik IEM,
Paderborn, Deutschland
E-Mail: sebastian.enzberg@iem.fraunhofer.de

© Springer-Verlag GmbH Deutschland, ein Teil von Springer Nature 2019
R. Dumitrescu und M. Fleuter (Hrsg.), *Intelligenter Separator,* Intelligente
Technische Systeme – Lösungen aus dem Spitzencluster it's OWL,
https://doi.org/10.1007/978-3-662-58018-9_4

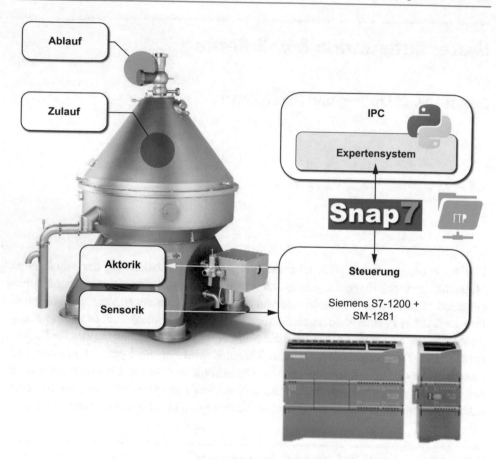

Abb. 4.1 Systemarchitektur für den Demonstrator

Das Expertensystem wurde in der plattformunabhängigen Programmiersprache Python[1] implementiert und auf einem Industrie-PC (IPC) installiert. Die Kommunikation mit der Steuerung erfolgt über die open-source Programmbibliothek Snap7[2], diese stellt eine Möglichkeit zur Verfügung, mittels Python-Befehlen auf SPS der Firma Siemens lesend und schreibend zuzugreifen. Über diese Schnittstelle werden Daten zum aktuellen Separatorzustand (Betriebsmodus, Betriebspunkt) von einem Zusatzmodul der SPS gelesen und auf die Steuerung geschrieben. Die Daten der Schwingungssensoren werden in Blöcken von je einer Sekunde mittels File Transfer Protocol (FTP[3]) vom SPS-Modul auf den IPC übertragen.

---

[1]Python Software Foundation, http://www.python.org.

[2]Snap7, snap7.sourceforge.net.

[3]File Transfer Protocol, https://www.w3.org/Protocols/rfc959.

Die in Abb. 4.1 dargestellte Architekturlösung erlaubt eine Auswertung der Sensor- und Steuerungsdaten direkt an der Maschine. Die maschinennahe Berechnung wird als „Edge Computing" (im Gegensatz zum „Cloud Computing") bezeichnet. Dies ermöglicht die Verarbeitung von großen Datenmengen, die in sehr kurzer Zeit auftreten und ist somit Voraussetzung für die Verarbeitung von Rohdaten hochfrequenter Sensoren geeignet. Dabei setzt die zusätzliche Funktionalität des Expertensystems modular auf der üblichen Separatorausstattung auf. Die gewählte Architekturlösung ist vor diesem Hintergrund auch für das Nachrüsten (Retrofitting) von sich in Betrieb befindlichen Separatoren geeignet. Zudem stellt die optionale Anbindung des Expertensystems eine unabhängige, intelligente Systemschicht dar, die den sicheren Separatorbetrieb zu jeder Zeit – auch bei einer Fehlfunktion des Expertensystems – gewährleistet.

4.2   Benutzerschnittstelle

Für die Interaktion des Benutzers mit dem Expertensystem wurde eine grafische Benutzerschnittstelle (Graphical User Interface, GUI) entwickelt, die im Folgenden näher beschrieben wird (s. Abb. 4.2). Im linken Bereich der Benutzeroberfläche ist die Bedienung des Separators möglich. Neben der Anzeige des Ist-Zustands des aktuellen Separatorbetriebs (Zulaufmenge, Ablaufdruck und Drehzahl) wird die Eingabe eines Soll-Zustands für den Separatorbetrieb ermöglicht. Nach Eingabe eines Sollzustands kann dieser mittels der Schaltfläche „Ansteuern" angefahren werden. Zudem wurde eine Vorauswahl von Betriebspunkten für Demonstrationszwecke implementiert.

Abb. 4.2 Grafische Benutzerschnittstelle für das Expertensystem

Im rechten Bereich stehen verschiedene Reiter zur Ansicht und Interaktion mit dem Expertensystem und dessen Komponenten zur Verfügung. Der Reiter „Expertensystem" zeigt den normalen Betriebszustand bzw. Fehlerzustände mit Fehlerbeschreibung und Handlungsempfehlungen an. Des Weiteren ist die Aktivierung eines Systemlogs sowie der Datenaufnahme und des Modelltrainings möglich.

Die Ansicht des Reiters für die Zustandsüberwachung zeigt Abb. 4.2. In dieser Darstellung werden Details der Mustererkennung visualisiert. Im oberen Bereich des Reiters wird die Aktivität der einzelnen Klassifikatoren zur Zustandsüberwachung angezeigt (Abschn. 3.3.3). Einzelne Klassifikatoren lassen sich mithilfe der Oberfläche aktivieren bzw. deaktivieren. Im unteren Bereich des Reiters werden die berechneten Merkmale, die als Eingabe für die Klassifikatoren dienen, angezeigt. Die Benutzeroberfläche unterstützt die Anzeige der Merkmale für verschiedene am Demonstrator installierte Schwingungssensoren (z. B. für den Zulauf und den Ablauf). Hierdurch wird eine detaillierte Inspektion des Separationsprozesses sowie der Signalverarbeitung im Expertensystem möglich.

Zuletzt zeigt Abb. 4.3 den Reiter zur automatischen Fehlerbehebung und Optimierung des Separationsprozesses (Abschn. 3.3.4). Der Autopilot kann im oberen Bereich aktiviert bzw. deaktiviert werden. Details der Zielfunktion und Optimierungsschritte werden im rechten Bereich visualisiert (Abschn. 4.3). Die Optimierungskriterien lassen sich mittels vordefinierter Faktoren unterschiedlich gewichten. Im Demonstrator stehen Vorwahlen zur stärkeren Gewichtung von Trennschärfe, Durchfluss oder Energie zur Verfügung. Auf diese Weise wird die Komplexität des zugrundeliegenden Ansatzes für den

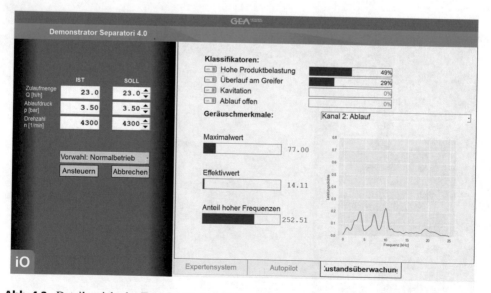

Abb. 4.3 Detailansicht der Zustandsüberwachungs-Komponente des Expertensystems

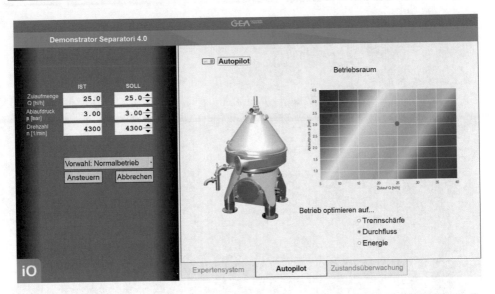

Abb. 4.4 Ansicht des Autopiloten zur automatischen Fehlerbehebung und Optimierung des Separationsprozesses

Benutzer gekapselt; die einzelnen Parameter und Gewichtungsfaktoren (Abschn. 3.3.4) sind für diese Vorwahlen bereits geeignet gewählt worden. Dies erlaubt eine intuitive Bedienung und Konfiguration des Autopiloten (Abb. 4.4).

4.3 Validierung des Systems

Das entwickelte Expertensystem wurde mithilfe eines Demonstrators validiert. Dies erfolgte zum einen durch geeignete Simulationssoftware und zum anderen mit einem Separator inklusive der Steuerung, des Expertensystems und einer kompletten verfahrenstechnischen Prozesseinbindung. Im Vordergrund standen dabei die Performanz, Robustheit und intuitive Bedienung des Expertensystems.

Der Betrieb wurde mit dem Medium Wasser durchgeführt. Dieses ist in seinen physikalischen Eigenschaften (rheologisches Verhalten, thermodynamische Eigenschaften) weitgehend vergleichbar mit den in gängigen Industrieapplikationen verwendeten Rohstoffen wie z. B. Milch oder Bier. Die Installation des Separators (Standardausführung) erfolgte so, dass der komplette Arbeitsbereich angefahren werden konnte (Drehzahl: 3000–4800 1/min, Durchfluss: 0–75.000 l/h, Druck: 0–8 bar). Somit war es möglich, alle Parameter (Dimensionen, Datenraum) des Expertensystems zu testen und zu validieren. Abb. 4.5 zeigt einen Testlauf mit dem Demonstrator.

Die Performanz der Zustandserkennung wurde in Testläufen validiert. Das Testprogramm erfolgte über alle drei relevanten Einstellparameter des Separators:

Abb. 4.5 Testlauf mit dem Demonstrator

Durchflussvariierung, Drehzahlveränderung und Anfahren verschiedener Flüssigkeits-spiegelstände mittels Ablaufdruckregelung. Dies stellte sicher, dass sowohl „gute" Betriebszustände wie auch „schlechte" oder gar „unzulässige" Betriebsweisen eingestellt werden konnten. Der Betriebsraum wurde auf diese Weise systematisch abgefahren. Die Erkennung der Zustände aufgrund der zuvor akquirierten Daten und die daraus resultie-ren Vorschläge des Expertensystems konnten dann mit der Einschätzung sehr erfahrener und gut ausgebildeter Separator-Experten abgeglichen werden. Abb. 4.6 zeigt die Anzeige des Expertensystems (s. Beschreibung in Abschn. 4.2) bei der Erkennung eines Fehler-zustandes. Die Anzeige des Fehlerzustands (hier „Hohe Produktbelastung") wird um eine Beschreibung und passende Handlungsempfehlung entsprechend der Logik aus Abschn. 3.3.3 ergänzt. Die Handlungsempfehlungen unterstützen den Maschinenbediener bei der manuellen Anpassung von Betriebsparametern zur Beseitigung des Fehler-zustands. Insgesamt konnte eine stabile und korrekte Arbeitsweise nachgewiesen werden.

Weiterhin ist eine Anzeige der Zustandsüberwachung möglich, diese ist in Abb. 4.7 bei Auftreten eines Fehlerzustandes dargestellt. Der Klassifikator „Hohe Produkt-belastung" (Abb. 4.7, rechts oben) indiziert den erkannten Fehlerzustand, darunter wird die Merkmalsausprägung angezeigt, die zur Erkennung geführt hat. Dies erlaubt es erstmalig, den Bediener im realen Betrieb detailliert über verschiedene Separator-zustände zu informieren. Die Anzeige dient der weitergehenden manuellen Analyse des Separationsprozesses, der Erklärung des Expertensystems und ermöglicht so eine weitere Optimierung bei verschiedenen und spezifischen anderen Anwendungen.

Abb. 4.6 Ansicht des Expertensystems bei Erkennung eines Fehlerzustandes

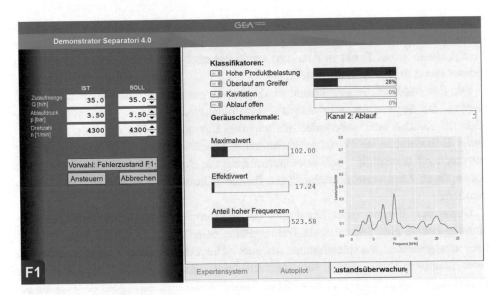

Abb. 4.7 Ansicht der Zustandsüberwachung bei Erkennung eines Fehlerzustands

Aufbauend auf dem validierten Expertensystem wurde der Autopilot entwickelt (Abschn. 3.3.4) und ebenfalls am Demonstrator getestet. Der Autopilot erkennt fehlerhafte Betriebszustände und fährt autonom in einen optimalen Arbeitsbereich. Abb. 4.8 zeigt die Ansicht des Autopiloten bei der Fahrt aus einem Fehlerzustand heraus. Für verschiedene Fehlerzustände wurden individuelle Zielfunktionen ermittelt und validiert.

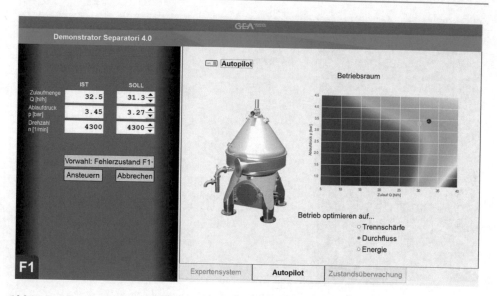

Abb. 4.8   Ansicht des Autopiloten bei der Fahrt aus einem Fehlerzustand heraus

Diese können als „Karte" des Betriebsraumes verstanden werden. Diese wird als Basis für die Fahrt aus dem Fehlerzustand genutzt. Über dieser Zielfunktion wird der aktuelle Betriebspunkt (roter Punkt in Abb. 4.8) sowie der nächste anzufahrende Betriebspunkt (grauer Punkt in Abb. 4.8) dargestellt.

Für das Medium Wasser konnte eindrucksvoll ein sicherer Betrieb nachgewiesen werden. Da Separatoren sehr sensibel auf Produktveränderungen reagieren, ist dies auch für Kunden eine außerordentlich wichtige Eigenschaft. Ein Anlernen auf spezifische Erfordernisse des verfahrenstechnischen Trennvorganges ist unumgänglich. Die entsprechend notwendige Softwareunterstützung zur Aufnahme und Verarbeitung der notwendigen Messwerte (Trainingsdaten für die Algorithmen) wurde ebenfalls implementiert.

Durch den Einsatz eines Separators mit vollständiger verfahrenstechnischer Einbindung konnte eine äußerst reale Testumgebung erstellt werden. Damit war eine Prüfung des gesamten Parameterraumes möglich. Die erfolgreichen Testläufe haben zu einer iterativen Verbesserung der Benutzerschnittstelle sowie der Konfiguration des Expertensystems geführt. Das entwickelte System weist eine sehr gute Performanz bei der Erkennung von Prozesszuständen im Separatorinnenraum mithilfe der Sensorik am Ablauf auf. Das Systemverhalten ist in den Testläufen sehr robust gegenüber Änderungen der Prozessparameter von außen (bspw. die Änderung des Zuflusses durch ein anderes System). Insbesondere die schrittweise Anpassung des Betriebspunkts zur automatischen Fehlerbehebung verhält sich robust im Zusammenspiel mit den durch die Steuerung implementierten Reglern der entsprechenden Größen.

Insgesamt demonstriert die im Verbundprojekt entwickelte Validierungsumgebung die angestrebte Funktionalität und bestätigt die erfolgreiche Umsetzung der gesetzten Ziele. Insbesondere die indirekte Ableitung von Prozesszuständen im Separatorinnenraum mithilfe von Sensorik am Ablauf zeigt perspektivisch den Weg zu einer kosteneffizienten Umsetzung eines solchen Systems auf.

Dipl.-Ing. Sebastian von Enzberg ist Senior-Experte am Fraunhofer-Institut für Entwurfstechnik Mechatronik (IEM) in Paderborn und arbeitet dort am Themengebiet Industrial Data Science. Nach dem Studium Elektrotechnik schließt er aktuell seine Promotion am Institut für Informations- und Kommunikationstechnik der Universität Magdeburg ab.

Dr. rer. nat. Felix Reinhart war Senior-Experte für Maschinelles Lernen und Data Analytics am Fraunhofer-Institut für Entwurfstechnik Mechatronik (IEM) in Paderborn. Herr Reinhart hat am CoR-Lab der Universität Bielefeld im Bereich Intelligente Systeme promoviert und war Gastwissenschaftler am NASA JPL. Sein thematischer Schwerpunkt ist das maschinelle Lernen in technischen Systemen.

Resümee und Ausblick

5

Markus Fleuter und Roman Dumitrescu

Im traditionellen Maschinen- und Anlagenbau zeigt sich zunehmend, dass der Reifegrad eingesetzter Technologien nur noch eingeschränkt bedeutende wettbewerbs- und marktrelevante Entwicklungen zulässt. Umso mehr ist im Hinblick auf unternehmensstrategische Entscheidungen die Kenntnis über das Entwicklungspotenzial „digitalisierter Produkte" von wesentlicher Bedeutung.

In diesem Verbundprojekt konnte sehr konkret der Nachweis hoher Technologiepotenziale geführt werden – sowohl im Hinblick auf die Entwicklungstools, als auch auf die Realisierung von Intelligenten Technischen Systemen. Dies bedeutet unmittelbar, dass der deutsche Maschinen- und Anlagenbau im Rahmen von Industrie 4.0 nicht nur produktionsrelevante Vorteile, sondern ganz besonders auch produktspezifische Entwicklungspotenziale generieren kann, die sowohl den Standort als auch die Wettbewerbsfähigkeit nachhaltig sichern.

Insbesondere für komplexe Systeme wie Separatoren mit ihren häufig sehr spezifischen Anwendungen führen klassische Ansätze zur Verbesserung der mechanischen Leistungsfähigkeit nur zu kleinen Fortschritten. Aufgrund der individuellen und komplexen Anforderungen sind die bisherigen speicherprogrammierten Steuerungen ebenfalls in ihrer Entwicklung limitiert. Selbstlernende und wissensbasierte sowie intelligente Lösungsansätze können in diesem Umfeld entscheidende Wettbewerbsvorteile sichern.

M. Fleuter (✉)
GEA Group, Offer and Order Management, Oelde, Deutschland
E-Mail: markus.fleuter@gea.com

R. Dumitrescu
Produktentstehung, Fraunhofer Institut für Entwurfstechnik Mechatronik IEM,
Paderborn, Deutschland
E-Mail: roman.dumitrescu@iem.fraunhofer.de

© Springer-Verlag GmbH Deutschland, ein Teil von Springer Nature 2019
R. Dumitrescu und M. Fleuter (Hrsg.), *Intelligenter Separator*, Intelligente
Technische Systeme – Lösungen aus dem Spitzencluster it's OWL,
https://doi.org/10.1007/978-3-662-58018-9_5

Um solche Systeme zu realisieren ist eine enge Zusammenarbeit der entsprechenden Fachdisziplinen unumgänglich. Hier sind insbesondere die Bereiche IT, Data-Science, Maschinenbau, Verfahrenstechnik und Service zu nennen. Ein Ansatz der dieser Steigenden Interdisziplinarität im Anspruch gerecht wird, ist das Systems Engineering. Darüber hinaus sind softwaregestützte Entwicklungsumgebungen erforderlich, um effizient modulare Lösungen zu generieren. Innerhalb dieses Verbundprojektes sind diese Punkte intensiv bearbeitet und entsprechende Tools entwickelt worden.

Zukünftige Aufgabe wird sein, das nun erarbeitete Grundlagenwissen zeitnah in verkaufsfähige Produkte umzusetzen. Ergänzend zum mechanischen System könnten dann z. B. Zusatzprodukte wie *Virtuelle Operatoren, selbstlernende und optimierende Assistenzsysteme* die Trennprozesse bei Kunden *on-site* unterstützen. Hierbei ist insbesondere die schnelle und sichere Reaktionsfähigkeit auf Rohproduktschwankungen und eine effiziente Einstellung aller Separatorenparameter ohne Einwirkung von *außen* zu nennen. Gerade in pharmazeutischen und nahrungsmittelrelevanten Applikationen sind dies außerordentlich wichtige Punkte. Gleichzeitig eröffnet das dabei gewonnene Wissen kundenseitig einen konzernweiten Austausch zur weiteren Optimierung, bzw. bei offenen Systemen eine globale Verknüpfung für weitere Entwicklungen. Das zur Vermarktung dieser *virtuellen* Produkte die derzeitigen Geschäftsmodelle zu überprüfen sind bzw. neu entwickelt werden müssen, steht außer Frage. Insbesondere der Service und die damit verknüpften Maschinen-Life-Cycle-Aspekte sind hierbei besonders involviert.

Nicht zuletzt wird durch das bessere Verständnis über den tatsächlich stattfindenden Sepatatorenbetrieb und die betriebsunterstützenden Fähigkeiten intelligenter Systeme die Entwicklung einer neuen, klassisch mechanisch optimierten Separatorengeneration ermöglicht. Dies gilt nicht nur für Separatoren, sondern für fast alle komplexen traditionellen Technologien sind die Kenntnisse über die relevanten Betriebsparameter unzureichend. Eine zielgerichtete, auf Fakten basierende Weiterentwicklung ist daher nur eingeschränkt möglich. Intelligente Technische Systeme können hier umfangreiches neues Wissen generieren. Insofern ist der *traditionelle* Maschinenbau besonders dazu aufgerufen, zunächst in die neuen Intelligenten Technischen Systeme zu investieren und neue Produktgenerationen zu entwickeln.

Markus Fleuter ist Senior Vice President der GEA Westfalia Separator Group GmbH. In dieser Funktion verantwortet er das Offer and Order Management für die Produktgruppe Separation.

Prof. Dr.-Ing. Roman Dumitrescu ist Direktor am Fraunhofer-Institut für Entwurfstechnik Mechatronik IEM und Leiter des Fachgebiets „Advanced Systems Engineering" an der Universität Paderborn. Sein Forschungsschwerpunkt ist die Produktentstehung intelligenter technischer Systeme. In Personalunion ist Prof. Dumitrescu Geschäftsführer des Technologienetzwerks Intelligente Technische Systeme OstWestfalenLippe (it's OWL). In diesem verantwortet er den Bereich Strategie, Forschung und Entwicklung.

Printed in the United States
By Bookmasters